高等学校教材

# 物理化学实验

Physical
Chemistry
Experiment

杨晓丽 主　编
余仕问　陈益山　副主编

化学工业出版社
·北京·

## 内容简介

《物理化学实验》包含绪论、物理化学实验技术、基础实验、设计实验和综合实验，涵盖热力学实验、电化学实验、动力学实验、表面与胶体化学实验等。第1章绪论部分介绍了实验数据的表达、处理方法等。物理化学实验所用技术较多，因此第2章介绍了常用物理化学实验技术。第3章基础实验重在培养学生基础实验操作能力，加强学生对物理化学基础知识的理解。第4章设计实验要求学生独立设计实验方法，选择合适的实验仪器并开展实验，培养学生解决实际问题的能力。第5章综合实验旨在培养学生综合解决实际问题的能力。针对物理化学实验所用仪器较多的特点，第6章介绍了常用物理化学仪器。

本书可作为化学、化工、生物、环境、材料、食品等专业的教材，也可供相关人员参考使用。

---

图书在版编目（CIP）数据

物理化学实验 / 杨晓丽主编；余仕问，陈益山副主编. — 北京：化学工业出版社，2025.2. — （高等学校教材）. — ISBN 978-7-122-46857-4

Ⅰ. O64-33

中国国家版本馆 CIP 数据核字第 2024V1604K 号

---

责任编辑：汪　靓　宋林青
文字编辑：杨玉倩　葛文文
责任校对：李　爽
装帧设计：史利平

---

出版发行：化学工业出版社
　　　　　（北京市东城区青年湖南街 13 号　邮政编码 100011）
印　　装：北京机工印刷厂有限公司
787mm×1092mm　1/16　印张 10¼　字数 249 千字
2025 年 2 月北京第 1 版第 1 次印刷

购书咨询：010-64518888　　　　　　　　售后服务：010-64518899
网　　址：http://www.cip.com.cn
凡购买本书，如有缺损质量问题，本社销售中心负责调换。

---

定　　价：35.00 元　　　　　　　　　　　　　　版权所有　违者必究

## 《物理化学实验》编写人员名单

主　　编　　杨晓丽
副 主 编　　余仕问　　陈益山
编写人员（按姓氏汉语拼音排序）
　　　　　　陈益山　　邓贵先　　李　强
　　　　　　杨晓丽　　姚立峰　　余仕问

# 前言

物理化学实验是一门专业基础实验课，可用于验证物理化学理论和基本知识，旨在锻炼学生进行物理化学实验研究的能力，并能利用实验数据处理方法、图形绘制方法、误差分析方法处理和分析实验结果；加强学生使用理论物理化学知识解决实际物理化学问题的能力；培养学生不断获取、发展和创新知识的能力；拓宽学生的知识面；为后续相关课程的学习及将来从事生产、教育、科研工作打下基础。

本书根据当前教学实际情况，在一些经典的物理化学实验教材的基础上对实验内容进行了改进。本书包括39个实验，其中基础实验29个、设计实验5个、综合实验5个。实验内容涵盖了热力学、电化学、动力学、表面与胶体化学、物质结构等。在实验内容的安排上，力求各实验均能突出某方面的知识和技能，注意逐步培养学生的实验能力。

参加本教材编写的有杨晓丽（第1章，第2章2.4、2.6，第3章实验2、实验5、实验9、实验10、实验13~15、实验20~22、实验26、实验28、实验29，第4章实验1、实验3~5，第5章，第6章6.5、6.7~6.9、6.11、6.12）、余仕问（第2章2.3，第3章实验19、实验23~25、实验27，第4章实验2，第6章6.4、6.10）、陈益山（第3章实验11、实验12、实验16~18）、姚立峰（第2章2.5，第3章实验6~8，第6章6.6）、邓贵先（第2章2.1、2.2，第3章实验1、实验4，第6章6.1）、李强（第3章实验3，第6章6.2、6.3）。全书由杨晓丽统稿。

在本书的编写过程中，曲靖师范学院及其化学与环境科学学院做了各种组织工作，对此谨表谢意。

编者水平有限，书中疏漏在所难免，敬请读者批评指正。

编者
2024年7月

# 目录

## 第1章 绪论     1

1.1　物理化学实验的目的和要求　/ 1
1.2　物理化学实验安全知识与防护　/ 2
1.3　物理化学实验数据的表达　/ 2
1.4　物理化学实验数据的误差分析　/ 4
1.5　物理化学实验数据的计算机处理　/ 8

## 第2章 物理化学实验技术     14

2.1　温度控制及测量技术　/ 14
2.2　压力及相关技术　/ 17
2.3　表面张力测量技术　/ 19
2.4　电化学测量技术　/ 20
2.5　光学实验方法和技术　/ 21
2.6　X射线衍射技术　/ 24

## 第3章 基础实验     26

3.1　热力学部分　/ 26
    实验1　恒温槽装配和性能测试　/ 26
    实验2　溶解热的测定　/ 30
    实验3　燃烧热的测定　/ 33
    实验4　液体饱和蒸气压和汽化焓的测定　/ 38
    实验5　偏摩尔体积的测定　/ 41
    实验6　凝固点降低法测定物质的摩尔质量　/ 44
    实验7　二组分体系气-液相图的绘制　/ 47
    实验8　二组分金属相图的绘制　/ 50
    实验9　甲基红解离常数的测定　/ 52
    实验10　核磁共振法测定质子化反应的平衡常数　/ 55

3.2　电化学部分　/ 58
　　实验 11　原电池电动势的测定和应用　/ 58
　　实验 12　电导法测定弱电解质的电离常数　/ 62
　　实验 13　电池电动势法测定氯化银的溶度积和溶液的 pH　/ 65
　　实验 14　电解质溶液活度系数的测定　/ 69
　　实验 15　铁氰化钾在玻碳电极上的氧化还原行为　/ 72
3.3　动力学部分　/ 74
　　实验 16　蔗糖水解反应速率常数的测定　/ 74
　　实验 17　乙酸乙酯皂化反应速率常数的测定　/ 76
　　实验 18　丙酮碘化反应速率常数的测定　/ 79
　　实验 19　B-Z 振荡反应　/ 82
　　实验 20　分光光度法测定蔗糖酶的米氏常数　/ 85
　　实验 21　核磁共振法测定丙酮酸水合反应的速率常数　/ 88
　　实验 22　比色法研究甲基紫反应动力学　/ 91
3.4　表面与胶体化学部分　/ 93
　　实验 23　最大泡压法测定溶液的表面张力　/ 93
　　实验 24　电导法测定表面活性剂的临界胶束浓度　/ 98
　　实验 25　溶胶的制备及电泳的测定　/ 101
　　实验 26　乙酸在活性炭上的吸附　/ 105
3.5　物质结构部分　/ 108
　　实验 27　$C_2H_4O$ 分子气相构象及其稳定性的从头计算法研究　/ 108
　　实验 28　粉末 X 射线衍射法物相分析　/ 111
　　实验 29　红外光谱法测定简单分子的结构参数　/ 114

# 第 4 章　设计实验　117

　　实验 1　折射率法测定配合物的组成　/ 117
　　实验 2　反应速率常数和活化能的测定　/ 118
　　实验 3　栀子黄色素的提取和浸提动力学　/ 120
　　实验 4　不同浓度硫酸铜溶液中铜的电极电位测定　/ 121
　　实验 5　化学反应热效应的测定　/ 122

# 第 5 章　综合实验　123

　　实验 1　氧化锌的制备及其结构、性质表征　/ 123
　　实验 2　电动势法测定热力学函数　/ 125
　　实验 3　电导滴定法测定混酸溶液各组分浓度　/ 127
　　实验 4　乙酸乙酯 Cu 基催化剂的制备及其催化性能研究　/ 130
　　实验 5　表面活性剂对结晶紫碱性褪色反应的影响　/ 133

# 第 6 章 物理化学实验基本仪器　　137

6.1　气压计　/ 137
6.2　气体钢瓶减压阀　/ 139
6.3　数字式精密温度温差测量仪　/ 142
6.4　酸度计　/ 144
6.5　电位差计　/ 146
6.6　数字阿贝折射仪　/ 147
6.7　旋光仪　/ 148
6.8　电导率仪　/ 151
6.9　电化学分析仪　/ 152
6.10　傅里叶变换红外光谱仪　/ 153
6.11　核磁共振仪　/ 154
6.12　多晶 X 射线衍射仪　/ 155

## 参考文献　　156

# 第1章 绪论

## 1.1 物理化学实验的目的和要求

物理化学实验是化学实验的一个分支,可以通过实验手段,研究物质的化学性质及规律性,认识物理化学性质与化学反应之间的关系。物理化学实验可以使学生掌握物理化学的相关理论、研究方法和实验技术,包括实验条件的选择、实验现象的观察、物理化学性能的测定、实验结果的处理等,增强学生的实践能力,加深对物理化学基本理论和概念的理解。

### 1.1.1 物理化学实验的目的

物理化学实验的目的是通过实验验证物理化学基本理论,加深对物理化学原理的理解,掌握物理化学中的科学方法,提高学生灵活运用物理化学理论知识的能力;掌握基本仪器的使用方法,掌握基本实验技能;使学生能够依据物理化学理论原理设计实验,解决实际问题;培养学生观察实验、记录和处理实验数据、分析实验结果的能力;培养学生勤奋、求真、求实的科学态度。

### 1.1.2 物理化学实验的要求

(1) 预习

实验前,仔细阅读实验内容,查阅相关文献资料,写好预习报告。预习报告包括实验目的、实验原理、实验步骤、注意事项、需测定的数据(可列表格)等。预习时要仔细阅读实验中涉及的实验仪器部分,了解所用仪器的构造和操作规程。

(2) 实验过程

进入实验室后,严格遵守实验室安全守则,不得私自使用或拆卸仪器。仪器装置经指导教师检查后才能开始实验。发现仪器损坏,立即报告指导教师。严格按照实验操作规程进行实验,如需调整实验操作,须经指导教师批准同意。公用仪器及药品用完放回原处。实验数据记录在数据记录纸上,数据记录要详细准确、整洁清晰,不得随意涂改,实验完毕后将实验数据交指导教师检查、签字。实验过程中,仔细观察实验现象;遇到问题独立思考,及时发现并妥善处理实验过程中遇到的问题;爱护仪器,节约药品。实验结束后,仔细清洗和整理实验器材,清理实验台面,打扫实验室,经指导教师同意后,才能离开实验室。

(3) 实验报告

实验结束后,在规定时间内完成实验报告。实验报告除预习报告部分外,还包括原始数据、结果处理及问题讨论等。实验数据要求科学处理,可使用计算机软件 Excel 对实验数据进行计算、绘图,处理结果应打印附在实验报告中。合理讨论实验结果,分析实验结果的可信度。解释实验现象，对实验提出改进意见。

## 1.2 物理化学实验安全知识与防护

实验室的安全至关重要，关系到实验者生命安全和国家财产安全，也是培养学生良好实验素质、确保实验顺利完成的基本条件。大多数化学试剂都有不同程度的毒性，原则上禁止任何试剂以任何形式进入人体。实验时应尽量减少与具有致癌性能的化学物质接触，需要使用时戴好防护手套，并尽可能在通风橱中进行操作。不能将剧毒试剂洒在实验台面上，严防入口或接触伤口。实验中尽量避免能与空气形成爆炸混合气的气体扩散到室内，实验中应保持室内通风，严禁使用明火和可能产生电火花的电气设备，禁止穿有铁钉、铁掌的鞋。

人体通过 50 Hz、25 mA 以上的交流电会发生呼吸困难，通过 100 mA 以上的交流电会致死。实验室用电过程必须严格遵守操作规程。防止触电：不能用潮湿的手接触电器；电源的裸露部分要绝缘；已损坏的接头、插头、插座等应及时更换；接好线路再插电源，先切断电源再拆线路；如遇触电，切断电源后再处理。防着火：保险丝与实验室允许的电流量相匹配；电线应符合电气设备负荷需要；及时处理生锈的仪器或接触不良处，以免产生火花；如电线走火，立即切断电源，用沙或二氧化碳灭火器灭火。防短路：电路中接点牢固，不直接接触两电元件接头，以免发生触电、着火等事故；由教师检查线路并同意后，再插上电源开始实验。

进入物理化学实验室前，应了解实验室布局，熟知仪器设备、急救设施、实验室电气设备开关、灭火设备、急救药品、洗眼器、紧急淋浴器等的位置及使用方法。进入实验室应穿实验服，有特殊要求的实验应佩戴防护面具及眼镜。

## 1.3 物理化学实验数据的表达

物理化学实验数据的表达方法主要有图解法、列表法、数学方程式法。应根据实际情况选择数据表达方法。

### 1.3.1 列表法

列表法表达实验数据时，常常列出自变量 $x$ 和因变量 $y$ 的数值。列表法简单易操作，不需要特殊软件和特殊性能的纸，多个因变量的变化情况可以在同一表内表示，便于数据的检查和比较。每一个表格应有一个简明的名称，表格的第一行或第一列表明物理量的名称和单位，自变量以递增或递减次序排列。记录数据时，将小数点对齐，注意有效数字位数。若数据用指数来表示，可在行名或列名旁标注指数项。

### 1.3.2 图解法

(1) 图解法在物理化学实验中的用途

将实验数据和结果作图，形式简明直观，更容易比较数值，发现实验结果的变化，如极值、转折点、线性关系、周期变化等。通过对曲线外推、线性拟合等方法可以对数据进行进一步处理。图解法主要有以下几个用途：

① 外推求值。当需要的数据不能直接测定时，依据可测量的实验数据通过函数间的关系，将图形中的曲线外延至测量范围以外得到极限值。外推法不可随意应用，使用时需要满足两个条件：a. 外推值距实际测量范围不能太远；b. 有充分理由确认外推结果可靠。

② 作切线求导数（微商）。图解微分法可以从图上求出任意一点的微商，而不必求出函数关系的解析表达式。具体做法是在所绘曲线上选定任意一点作切线，计算切线斜率，就可以得到该点的微商。例如，在溶液表面张力测定实验中，通过表面张力和溶液浓度之间的微商值可以求出气-液界面上的吸附量。

③ 求拐点或转折点。函数的拐点或转折点可以在图形中直接读出。例如，二组分金属相图的绘制实验中，凝固点可以在金属相图的步冷曲线上直接读出。

④ 从图形中读出更多的被测物理量的数值。从曲线上找到指定自变量（横坐标），可以从图形中读出相应因变量（纵坐标）的值。例如，在燃烧热的测定实验中，从雷诺校正图中可以直接读出校正后的温度值。

⑤ 求测量值之间的线性函数关系式。当测定数据具有线性关系时，可以根据直线的斜率计算出实验所测定的物理量。例如，液体饱和蒸气压和汽化焓的测定实验，$\ln p$ 与 $1/T$ 存在线性关系，可以通过斜率求出实验温度范围内液体的平均摩尔汽化焓 $\Delta_{vap}H_m$。

（2）图解法作图的要点

① 选择图纸。通常图纸有直角坐标纸、三角坐标纸、半对数坐标纸和对数坐标纸等，最常用的图纸是直角坐标纸，三元相图绘制时使用三角坐标纸。应选择大小合适的坐标纸，坐标纸太小不能标示出原始数据的有效数字，太大容易超过原始数据的精密度。

② 坐标分度。用直角坐标纸作图时，坐标分度的选择原则是方便易读，坐标原点的读数不一定从零开始。绘图应充分利用图纸，画出的图形清楚、布局合理，既能体现实验的原始数据，也能反映出仪器的精度。一组数值中，自变量和因变量都有最高值和最低值，根据具体情况选择低于最低值的某一整数作起点、高于最高值的某一整数作终点。绘图要画上坐标轴，并在坐标轴下方注明对应变量的名称和单位。在纵轴左边和横轴下边每隔一定距离写上该处变量应有的值。

③ 描点作图。按照选好的横坐标及纵坐标，把对应的实验数据描在坐标纸上，曲线上点的大小要合适，不能太大或太小，否则不便于准确反映变量间的关系。按数据点的分布情况作曲线，曲线不必通过全部各点，但要使各数据点均匀地分布在曲线两侧邻近位置（更确切地说是使所有数据点距离曲线的距离的平方和为最小，这就是最小二乘法原理）。如果在作图过程中，发现有数据点远离曲线，且没有依据断定实验数据在这一区间内存在突变，则一般认为是过失误差，舍弃这个点即可。

④ 注解说明。图形中要准确地标出各坐标轴所代表的物理量及单位，图下标明图名及意义，图中还要注明主要的测量条件（如温度、压力等）。凡引用参考文献的图形，应注明参考文献。

### 1.3.3 数学方程式法

将实验中各变量间的相互关系用数学方程式（经验方程式）表达的方法称为数学方程式法。这种方法表达简单清晰，便于求微分、积分和内插值等。在各变量间的数学方程式已知的情况下，求取方程式中的系数，可得到一定的物理量。例如克拉佩龙-克劳修斯方程，温

度为 $T$ 时液体或固体的饱和蒸气压为 $p$,有

$$\ln p = -\frac{\Delta_{vap}H_m}{RT} + C \tag{1-1}$$

以 $\ln p$ 对 $1/T$ 作图,直线斜率即为 $-\Delta_{vap}H_m/R$,其中 $\Delta_{vap}H_m$ 为液体的摩尔汽化焓。

当数学方程式未知时,可通过下列步骤建立各变量间的方程式:

① 整理、校正实验测定数据,选定自变量和因变量,绘出曲线。
② 根据几何解析知识,由曲线形状判断曲线类型。
③ 确定公式的形式,将曲线变换成直线关系,见表 1-1。

表 1-1 一些函数线性化表达方程及变换方式

| 原方程 | 变换方式 | | 线性化后得到的方程式 $Y=mX+B$ |
|---|---|---|---|
| | $Y$ | $X$ | |
| $y=ae^{bx}$ | $\ln y$ | $x$ | $Y=\ln a+bX$ |
| $y=ax^b$ | $\lg y$ | $\lg x$ | $Y=\lg a+bX$ |
| $y=1/(a+bx)$ | $1/y$ | $x$ | $Y=a+bX$ |
| $y=x/(a+bx)$ | $x/y$ | $x$ | $Y=a+bX$ |

④ 若方程仍无法线性化,可以选择多项式函数,即

$$y = a + bx + cx^2 + dx^3 + \cdots \tag{1-2}$$

多项式项数的多少以结果表达的可靠程度在实验误差范围内为准。

## 1.4 物理化学实验数据的误差分析

### 1.4.1 误差的种类

物理化学实验中,即使同一实验者,使用同样的仪器,按照相同的方法进行重复实验,连续几次的实验数据也往往存在或多或少的差异。一般取重复实验的平均值作为测定值,该测定值(又称最可能值)不一定是真实值。测定值与真实值的差值称为误差,误差可以用来反映实验结果的可靠性。误差一般分为三种。

(1) 系统误差

在相同的实验条件下多次测定同一数值时,误差的符号保持恒定(恒定偏大或恒定偏小),其数值按同样的规律变化,这种误差称为系统误差。产生系统误差的原因主要有以下几种:

① 测定方法的限制:如用固-液界面吸附法测定溶质分子的截面积实验中,由于测定原理没有考虑溶剂吸附,出现系统误差。
② 考虑影响因素不全面或对实验理论探讨不够:如称量时未考虑校正空气的浮力、没有校正温度计的读数等。
③ 实验用仪器、药品带来的误差:如天平不灵敏、药品不纯净、玻璃仪器的刻度不准确等。
④ 实验者操作习惯误差:例如读取仪表读数时视线偏于一边、总是将秒表卡得较快或较慢等。

系统误差由于总是偏大或偏小,所以增加实验次数并不能消除。一般可以采取下列措施消除系统误差:

① 改进实验及数据处理方法，尽量减小由此产生的系统误差。
② 使用标准样品和仪器，校正由实验者操作习惯和仪器所产生的系统误差。
③ 用纯化的样品，减小因样品不纯引起的系统误差。

（2）偶然误差

在同一实验条件下进行重复实验时，单次实验误差的符号时正时负，其误差绝对值时大时小，呈现随机性，但是经多次重复实验，这些误差具有抵偿性，这类误差称为偶然误差。容易导致偶然误差的因素大致有以下几方面：

① 估读仪表所示的最小读数时，有时偏大，有时偏小。
② 控制滴定终点时，对指示剂颜色的鉴别存在偏差。
③ 虽然重复实验往往要求尽可能在同样的条件下进行，但目前尚难控制实验条件完全一致，因此也会给实验结果带来偶然误差。

从产生误差的原因来看，在任何测量中都存在偶然误差。它无法通过校正来消除，只能通过概率的计算，求多次重复实验结果的最可能值。偶然误差时正时负，具有正负相消的性质，重复测定的次数越多，偶然误差的平均值越小。因此，多次重复测量的平均值的偶然误差，比单次测量值的偶然误差小，这种性质称为抵偿性。显而易见，增加测量次数是能够有效减少偶然误差的。

（3）过失误差

过失误差是由实验中的不规范和错误所引起的误差。例如，读错、写错实验测试数据，看错仪器刻度等。很显然，在实验中不允许出现这类过失误差。实验者要专心致志、细心地进行实验，尽量避免产生过失误差。

## 1.4.2 准确度和精密度

准确度是指测量值与真实值之间差异的大小，即测量的正确性或可靠性。差异越小，准确度越高，准确度计算公式如下：

$$\frac{1}{n}\sum_{i=1}^{n}|X_i-X_{真}| \tag{1-3}$$

在大多数物理化学实验中，用 $X_{标}$（标准值）代替 $X_{真}$ 近似计算准确度：

$$\frac{1}{n}\sum_{i=1}^{n}|X_i-X_{标}| \tag{1-4}$$

精密度是指所测数值重复性的好坏。实验结果的精密度高意味着所测数据重复性很好，反之，数据重复性差。显而易见，若测定值的准确度高，则对应的系统误差小；若一组重复实验测定值的精密度高，其偶然误差必然小。

在多次重复测量同一物理量时，精密度高并不意味着准确度一定好。例如，测量在一个大气压（1 atm=101325 Pa）下水的沸点 50 次，假如每次测量的数值都在 98.1~98.2 ℃ 之间，如 98.15 ℃、98.13 ℃、98.18 ℃，那么这些测量数值的精密度很高，但是测量结果并不准确，因为在一个大气压下，水的公认沸点真实值应该是 100 ℃，与测量值之间的误差是由系统误差产生的。误差的可能来源：温度计的测量位置不合适，压力不准确，温度计读数校正不当，测量用水不纯净等。

### 1.4.3 误差的表达方法

(1) 真值、平均值、标准值

不可能通过实验求出某个物理量的真值，但根据误差理论，在消除系统误差和过失误差的前提下，进行无限多次测量，对所得的测量结果取平均值可以消除偶然误差，此平均值即可作为测量值的真值。

$$X_{真} = \lim_{n \to \infty} \left( \frac{1}{n} \sum_{i=1}^{n} X_i \right) \tag{1-5}$$

然而，大多数情况下只能进行有限次数的测量，将有限次数测量的平均值作为可靠测量结果，即

$$\overline{X} = \frac{1}{n} \sum_{i=1}^{n} X_i \tag{1-6}$$

标准值是指大家公认的值，或用更可靠方法测量出的值。在难以获得真值的时候，可以用标准值代替真值计算误差。

(2) 绝对误差、相对误差

① 绝对误差。测量值 $X$ 与真值 $X_{真}$ 之间的差异（$\Delta X$）。

$$\Delta X = X - X_{真} \tag{1-7}$$

通常情况下，多次测量的平均值被用作真值，因此将各次测量值与平均值的差作为各次测量的绝对误差，即

$$\Delta X_i = X_i - \overline{X_i} \tag{1-8}$$

多次测量的平均误差可用来表达整个测量的误差。

$$\Delta \overline{X} = \frac{|\Delta X_1| + |\Delta X_2| + \cdots + |\Delta X_n|}{n} = \frac{\sum_{i=1}^{n} |X_i - \overline{X_i}|}{n} \tag{1-9}$$

还可以用标准误差来表达整个测量的误差。

$$\sigma = \sqrt{\frac{\sum_{i=1}^{n} (X_i - \overline{X_i})^2}{n-1}} \tag{1-10}$$

标准误差对测量中较大或较小的误差比较灵敏，且意义明确，可以较好地表示方法的精确度，应用较为广泛。

② 相对误差。绝对误差与真值之比。

$$相对误差 = 绝对误差/真值$$

相对平均误差为

$$\frac{\Delta \overline{X}}{\overline{X_i}} = \frac{|\Delta X_1| + |\Delta X_2| + \cdots + |\Delta X_n|}{n \overline{X_i}} \tag{1-11}$$

绝对误差的大小与测量值的大小无关，而相对误差则与测量值的大小及绝对误差的大小都有关，因此以相对误差评定测定结果的精密程度更为合理。

(3) 提高测量精密度的方法

准确度可以用来衡量某一实验测量的系统误差的大小，实验的系统误差小意味着准确度高；同样，精密度可用来衡量实验测量的偶然误差的大小，实验的偶然误差小意味着精密

度高。

为了提高实验测量结果的精密度,可以采用以下方法。首先,确定所用仪器的规格满足实验要求、仪器的精密度达到实验要求的精密度,但也没必要过于优于实验要求的精密度。其次,校正由实验仪器、药品等产生的系统误差。最后,在相同的实验条件下多次连续重复测量,直至测量结果围绕某一数值呈不规则变化时,取这些测量结果的平均值以减小偶然误差。当实验结果达不到要求的精密度,且确认测量误差为系统误差时,应多次重复实验,找出原因,甚至可以否定原来的标准值。

### 1.4.4 有效数字的运算

物理量的数值不仅反映量的大小,也反映数据的可靠程度和实验方法及所用仪器的精确程度。例如,(25.0±0.10)℃是普通温度计的测量结果,而(25.00±0.01)℃是1/10温度计的测量结果。显而易见,物理量的每位数都有实际意义。有效数字的位数表明了物理量的测量精度,测量结果包括测量中的几位可靠数字和最后一位估计的可疑数字。例如,(107.65±0.02)g是用台秤称量的质量数据,(2.3856±0.0001)g是用分析天平称量的质量数据,它们都有五位有效数字,前者末位数"5"是可疑的,后者末位数"6"是可疑的,但可疑范围不同。有效数字的概念在实验数据记录及实验数据处理时很重要,有效数字的表示方法及运算法则如下所示。

(1) 有效数字表示方法

在物理化学实验中,由于测量结果总存在误差,究竟用几位数字来表达实验结果才是合理、正确的呢?实验中测量的物理量 $X$ 的结果应表示为 $\overline{X}\pm\sigma$,即物理量有一个不确定范围 $\sigma$,因此在具体记录实验数据结果时,无须将 $X$ 的位数记录到 $\sigma$ 所限定的范围之外。例如,称量质量时得到的结果为(2.3721±0.0003)g,其中 2.372 都是确定值,末位数字 1 则不确定。通常将所有确定的数字(不包括表示小数点位置的"0")和末位不确定的数字一起称为有效数字。记录和处理实验数据时,只需记下有效数字即可。如果一个实验数据未标明不确定范围(精密度范围),一般可以认为最后一位数字的不确定范围为±3。

运算过程中有效数字位数的确定规则如下:

① 误差(包括平均误差和标准误差)一般只有 1 位有效数字,不能超过 2 位。

② 任何一个物理量数据,其有效数字的最后一位在位数上应和误差的最后一位保持一致。例如,记成 2.35±0.02 是正确的,如果记成 2.351±0.02 或 2.3±0.02,意义就不清楚了。

③ 常用科学记数法明确地表明有效数字。有效数字从第一个非零数值开始计数。例如,下列数据:

$$2467 \qquad 0.2467 \qquad 0.0002467$$

它们的有效数字位数都是 4 位,但 24670000 的有效数字位数是 8 位。上述数据常表示成以下指数形式:

$$2.467\times 10^{3} \qquad 2.467\times 10^{-1} \qquad 2.467\times 10^{-4}$$

这就表明它们都是 4 位有效数字。

④ 有效数字的位数与十进制的变换无关。例如,(2.38±0.02)m 和 (238±2)cm 反映的情况完全相同,相对误差都是±0.8%。

（2）有效数字运算法则

① 当进行数字舍弃时，应用"四舍六入五成双"原则，即若欲保留的末位有效数字的后面第一位数字小于或等于 4，则弃去；若等于或大于 6，则在前一位数值加上 1；若等于 5，当前一位数字是奇数时，则加上 1（即成"双"），当前一位数字是偶数时，则舍弃不计。

② 进行加减运算时，各数值小数点后所取的位数应与其中最少的一项相同。例如：
$$22.36+0.0075+2.745=?$$
应写成：
$$22.36+0.01+2.74=25.11$$

③ 进行乘除运算时，最终计算结果的有效数字位数以各项数值中有效数字位数最少的一项为准，而与小数点的位置无关。例如：
$$0.0151\times32.01\times2.05979=?$$
以有效数字位数最少的 0.0151 为准，只保留 3 位有效数字，故上式如下：
$$0.0151\times32.0\times2.06=0.995$$

④ 在进行复杂运算时，未达到最后结果之前的中间各步，可保留各数值位数比以上规则多一位，以免因多次数字舍弃造成误差积累，对结果造成较大影响。但最终计算结果仍只保留其应有的有效数字位数。

⑤ 若某数第一位数字是 8 或 9，则有效数字位数可多一位。例如，9.35 虽然有效数字位数是 3 位，但已经接近 10.00，可视作 4 位有效数字。

⑥ 计算中涉及 $\pi$、$\sqrt{2}$、1/3 和一些源自手册的常数等，可以按照实际需求选取有效数字。当计算式中有效数字位数最少是 3 时，上述常数可以取 3 或 4 位有效数字。

⑦ 进行对数计算时，所取对数位数（对数首数除外）应与实验测定结果有效位数一致或多一位；进行平均值计算时，如果求四个数据的平均值，则平均值的有效数字可以多取一位。

## 1.5　物理化学实验数据的计算机处理

随着科技的发展，信息技术在物理化学实验数据处理中的应用越来越广泛。物理化学实验中使用越来越多智能化、数字化的仪器设备，实验获得数据的方式发生了很大变化，实验数据的处理与表达方法也相应发生了变化，前述的三种实验数据表达方法都可以应用计算机软件进行处理。目前，在物理化学实验报告撰写中用到的办公软件比较多，如 Word、Excel、Origin 等。这些办公软件可以快速处理复杂的物理化学实验数据，减少烦琐的人工绘图和计算工作。下面分别举例介绍工具软件 Excel 在物理化学实验数据处理与结果表达中的应用。

Excel 是常见的办公软件，在物理化学实验中可用来计算实验的平均值及误差、列表处理数据、绘制图形及直线拟合等，下面简单介绍其具体使用方法。

### 1.5.1　Excel 软件计算平均值及误差

Excel 软件可以很方便地计算实验数据平均值及误差，以一组实验数据为例，见图 1-1。

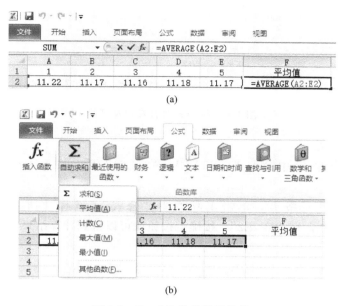

图 1-1　Excel 软件计算平均值

（1）计算算术平均值

方法一：在要计算平均值的单元格［如图 1-1(a) 中的 F2 单元格］中输入平均值函数"＝AVERAGE（数据起始单元格：数据存储终止单元格）"后，按回车键即可得到结果，AVERAGE 函数括号内所表示的是选定的计算平均值的数值区域。

方法二：用鼠标选定要计算平均值的数据单元格，在"公式"工具栏的"自动求和"菜单中选择"平均值"就可以得到结果，见图 1-1(b)。

（2）计算绝对误差

若要求第 1 个数据（A2）的绝对误差，则在单元格 G2 中输入"＝ABS(A2－F2)"后，按下回车键即可得到结果（图 1-2）。

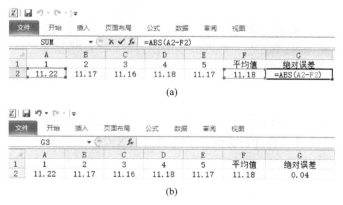

图 1-2　Excel 软件计算绝对误差

（3）计算相对误差

若要求第 1 个数据（A2）的相对误差，则在单元格 H2 中输入"＝G2/F2"后，按下回车键即可得到结果（图 1-3）。

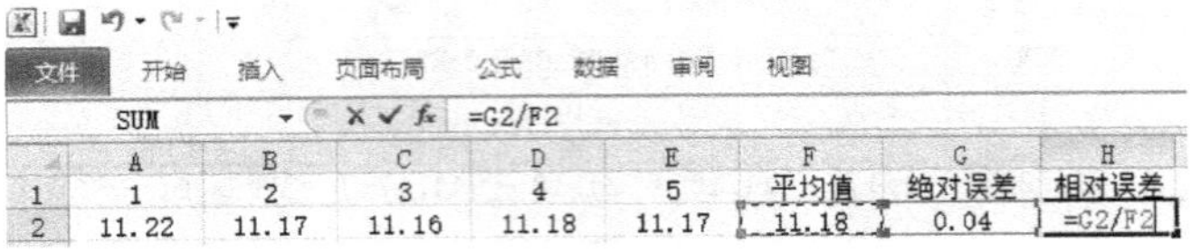

图 1-3　Excel 软件计算相对误差

（4）计算标准偏差

方法一：在单元格 I2 中输入"＝STDEV（A2:E2）"后，按下回车键即可得到计算结果，见图 1-4(a)。

方法二：选定单元格 I2，单击工具栏中"公式"，选择"插入函数"，选择函数"STDEV"，函数参数录入"A2:E2"，按确定按钮就可以得到计算结果，见图 1-4(b)。

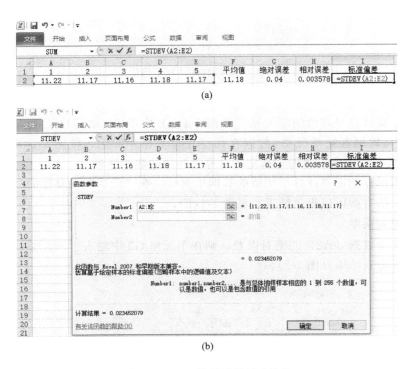

图 1-4　Excel 软件计算标准偏差

（5）计算平均值的标准偏差

在 J2 单元格中输入"＝I2/POWER（COUNT（A2:E2），2）"，按下回车键就可以得到计算结果（图 1-5）。

## 1.5.2　Excel 软件列表处理数据

以液体饱和蒸气压测定实验为例，说明用 Excel 软件列表处理数据的方法。在液体饱和蒸气压实验中共测量了 7 组实验数据。实验数据处理需要计算蒸气压、拟合直线求得斜率、计算平均摩尔汽化焓。用 Excel 软件处理实验数据的步骤如下：

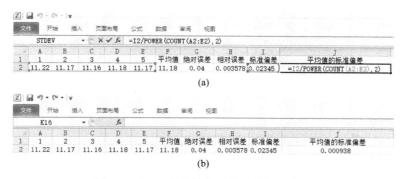

图 1-5 Excel 软件计算平均值的标准偏差

① 将大气压力、7 组实验数据输入 Excel 表格中，在单元格 F3～F9 中，输入公式计算饱和蒸气压；在单元格 G3～G9 中，输入公式计算露茎校正温度；在单元格 H3～H9 中，输入公式计算 $1/T$；在单元格 I3～I9 中，输入公式计算 $\ln p$（图 1-6）。

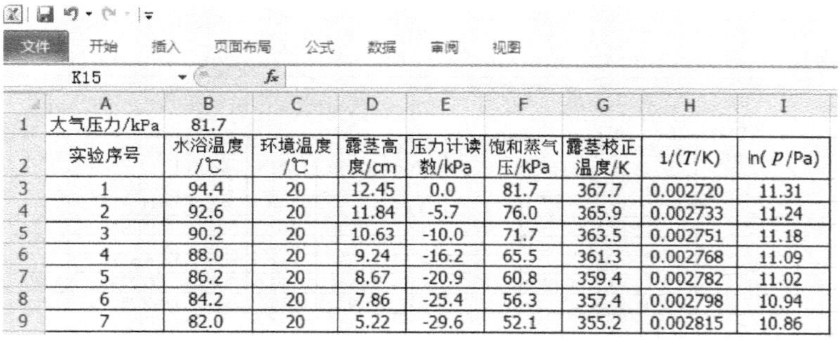

图 1-6 Excel 软件列表处理数据

② 在单元格 B11 中输入"=SLOPE（I3:I9，H3:H9）"，得到 $\ln p$ 对 $1/T$ 数据点的拟合直线的斜率，见图 1-7(a)。在单元格 B12 中输入"=CORREL（I3:I9，H3:H9）"，得到 $\ln p$ 对 $1/T$ 数据点的相关系数，见图 1-7(b)。

③ 在选定单元格 C13 中输入平均摩尔汽化焓的计算公式，得到平均摩尔汽化焓，见图 1-7(c)。

计算结果存储单元格需要设定数据格式，如只显示有效数字、将数据的指数部分放在栏目内，这样可以使单元格内数据简洁直观。可以将 Excel 表格内数据复制、粘贴到 Word 文档中，编辑成规范表格（表 1-2）。

表 1-2 液体饱和蒸气压的测定实验数据

| 实验序号 | 水浴温度/℃ | 环境温度/℃ | 露茎高度/cm | 压力计读数/kPa | 饱和蒸气压/kPa | 露茎校正温度/K | $1/(T/K)$ | $\ln(p/Pa)$ |
| --- | --- | --- | --- | --- | --- | --- | --- | --- |
| 1 | 94.4 | 20 | 12.45 | 0.0 | 81.7 | 367.7 | 0.002720 | 11.31 |
| 2 | 92.6 | 20 | 11.84 | −5.7 | 76.0 | 365.9 | 0.002733 | 11.24 |
| 3 | 90.2 | 20 | 10.63 | −10.0 | 71.7 | 363.5 | 0.002751 | 11.18 |
| 4 | 88.0 | 20 | 9.24 | −16.2 | 65.5 | 361.3 | 0.002768 | 11.09 |
| 5 | 86.2 | 20 | 8.67 | −20.9 | 60.8 | 359.4 | 0.002782 | 11.02 |

续表

| 实验序号 | 水浴温度/℃ | 环境温度/℃ | 露茎高度/cm | 压力计读数/kPa | 饱和蒸气压/kPa | 露茎校正温度/K | 1/(T/K) | ln(p/Pa) |
|---|---|---|---|---|---|---|---|---|
| 6 | 84.2 | 20 | 7.86 | −25.4 | 56.3 | 357.4 | 0.002798 | 10.94 |
| 7 | 82.0 | 20 | 5.22 | −29.6 | 52.1 | 355.2 | 0.002815 | 10.86 |

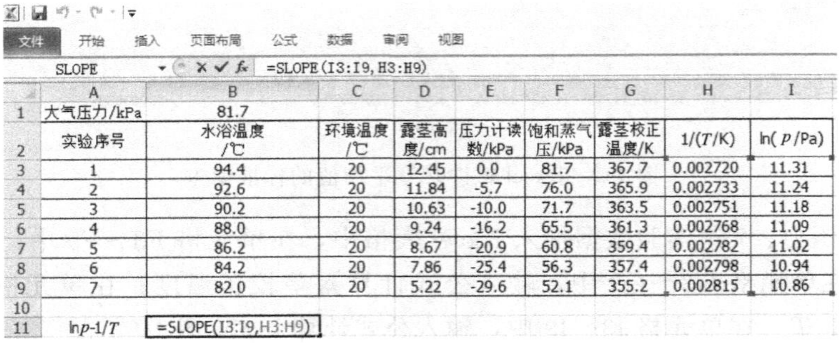

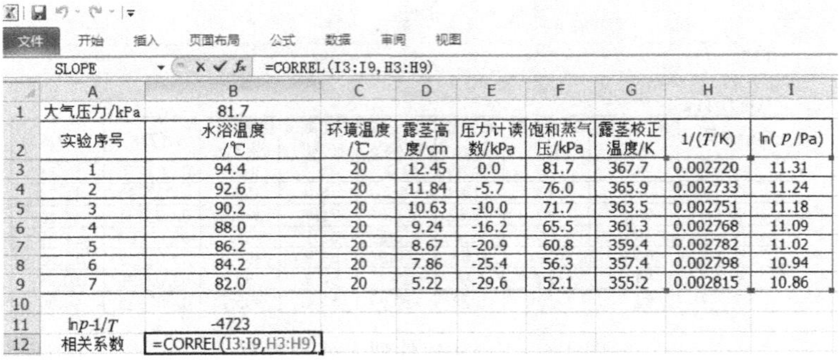

图 1-7  Excel 软件计算直线拟合斜率和相关系数

## 1.5.3 Excel 软件绘制图形及直线拟合

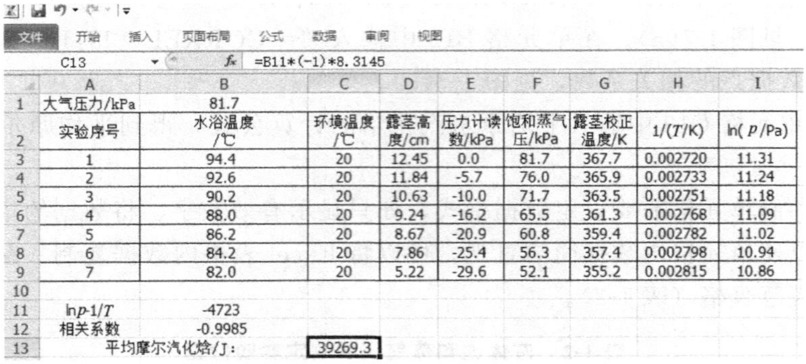

以液体饱和蒸气压测定实验为例，作 $\ln p$-$1/T$ 图，步骤如下：

在"插入"菜单中选择"散点图"→"仅带数据标记的散点图"；在空白图片上单击鼠标右键，选定"选择数据"，在对话框中添加数据，绘出图形；在图形上单击鼠标右键，选择"添加趋势线",并选择在图中标出直线方程和 $R^2$ (图 1-8)。

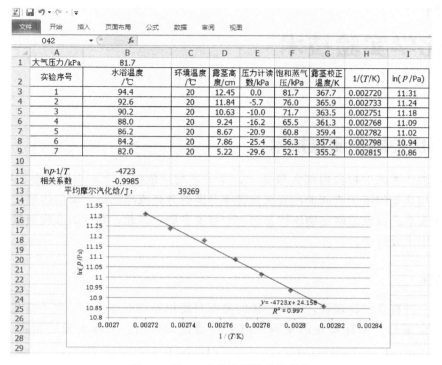

图 1-8　Excel 软件绘图及直线拟合

# 第2章
# 物理化学实验技术

## 2.1 温度控制及测量技术

温度是表征体系中物质内部大量分子、原子平均动能的一个宏观物理量。物体内部分子、原子平均动能的增加或减少，表现为物体温度的升高或降低。物质的物理化学特性与温度有密切的关系，温度是确定物体状态的一个基本参数，因此，温度的准确测量和控制在物理化学实验中十分重要。

### 2.1.1 温标

温度是一种特殊的物理量，两个物体的温度只能相等或不等。为了表示温度的高低，相应地需要建立温标，温标就是测量温度时必须遵循的规定。国际上先后制定了如下几种温标。

(1) 摄氏温标

摄氏温标以大气压下水的冰点（0 ℃）和沸点（100 ℃）为两个固定点，将两固定点间分为100等份，每一份为1 ℃。用外推法或内插法求得其他温度 $t$。

(2) 热力学温标

1848 年开尔文（Kelvin）提出热力学温标，过去也称为绝对温标，以 K 表示，它是建立在卡诺（Carnot）循环基础上的。

设理想的热机在 $T_2$ 和 $T_1$（$T_2 > T_1$）两温度之间工作，工作物质在温度 $T_2$ 吸热 $Q_2$，在温度 $T_1$ 放热 $Q_1$，经一可逆循环对外做功：

$$W = |Q_2| - |Q_1| \tag{2-1}$$

热机效率：

$$\eta = 1 - \left|\frac{Q_1}{Q_2}\right| = 1 - \frac{T_1}{T_2} \tag{2-2}$$

卡诺循环中温度 $T_2$ 和 $T_1$ 仅与热量 $Q_2$ 和 $Q_1$ 有关，与工作物质无关，在任何工作范围内均具有线性关系，是理想的、科学的温标。若规定一个固定温度 $T_1$，则另一个温度 $T_2$ 可由 $T_2 = \dfrac{Q_2}{Q_1} \times T_1$ 求得。

理想气体在定容下的压力（或定压下的体积）与热力学温度呈严格的线性函数关系。因此，国际上选定气体温度计来实现热力学温标。氮气、氢气、氦气等气体在温度较高、压力不太大的条件下，其行为接近理想气体，所以这种气体温度计的读数可以校正为热力学温标。热力学温标规定"热力学温度单位即1开尔文（K）是水三相点热力学温度的1/

273.16"。热力学温标与摄氏温标分度值相同,只是差一个常数：

$$T/K = 273.15 + t/℃ \tag{2-3}$$

气体温度计的装置复杂,使用不方便,为了统一国际的温度量值,1927年拟定了"国际温标",建立了若干可靠而又能高度重现的固定点。随着科学技术的发展,国际温标又经多次修订,现在采用的是1990年国际温标(ITS-90),其定义的温度固定点、标准温度计和计算的内插公式请参阅中国计量出版社出版的《1990年国际温标宣贯手册》和《1990年国际温标补充资料》。

### 2.1.2 温度计

(1) 水银温度计

水银温度计是实验室常用的温度计。它的优点包括：水银容易提纯、热导率(导热系数)大、比热容小、膨胀系数较均匀、不易附着在玻璃壁上、不透明、便于读数等。水银温度计适用范围为238.15~633.15 K(水银的熔点为234.45 K,沸点为629.85 K)。如果用石英玻璃作管壁,充入氮气或氩气,水银温度计最高使用温度可达到1073.15 K。如果在水银中掺入8.5%的铊(Tl),则可以测量到213 K的低温。

(2) 贝克曼温度计

贝克曼(Beckmann)温度计是一种能够精确测量温差的温度计。有些实验,如燃烧热测量、凝固点降低法测分子量等,要求测量的温度准确到0.002 ℃,显然一般的水银温度计不能满足要求,但贝克曼温度计可以达到此测量精度要求。它不能测量温度的绝对值,但可以很精确地测量温差。它与普通温度计的区别在于其下端有一个大的水银球,球中的水银量根据不同的起始温度而定,它是借助温度计顶端的贮汞槽来调节的,刻度范围一般只有5 ℃,每摄氏度又分为100等份,借助放大镜可以准确读到0.01 ℃,估读到0.002 ℃。调节时只要把一定的水银移出或移入毛细管顶端的贮汞槽就可以。显然,被测体系的温度越低,水银量就要越大。

(3) 其他液体温度计

其他液体温度计也是利用液体热胀冷缩的原理来指示温度的。水银温度计测量下限为238.15 K,测量更低的温度必须用其他的办法。最简单的方法就是将水银温度计中的水银改为凝固点更低的液体,而保持其结构不变。常用的液体有8.5%铊汞齐(可测至213 K)、甲苯(可测至173 K)和戊烷(可测至83 K)等。普通的酒精温度计也属于这一类,但酒精在各温度范围内体积膨胀线性不好,准确度较差,一般仅在精确度要求不高的工作中使用。有机溶剂组成的温度计还常常加入一些有色物质,以便观察。

(4) 电阻温度计

电阻温度计是利用物质的电阻随温度变化的特性而制成的测温仪器。任何物体的电阻都与温度有关,因此都可以用来测量温度。但是,能满足温度测量要求的物质并不多。在实际应用中,不仅要求该物质有较高的灵敏度,而且要求有较高的稳定性和重现性。用于电阻温度计感温元件的材料有金属导体和半导体两大类。金属导体有铂、铜、镍、铁和铑铁合金,目前大量使用的材料为铂、铜和镍。铂制成的为铂电阻温度计,铜制成的为铜电阻温度计,都属于定型产品。半导体有锗、碳和热敏电阻(氧化物)等。

(5) 热电偶温度计

两种不同金属导体构成一个闭合线路，如果两个连接点温度不同，回路中将会产生一个与温差有关的电势，称为温差电势，也称热电势，这样的一对金属导体被称为热电偶，可以利用其温差电势测定温度。但也不是任意两种不同材料的导体都可作热电偶。对热电偶材料的要求：物理、化学性质稳定，在测定的温度范围内不发生蒸发和相变现象，不发生化学变化，不易氧化、还原，不易腐蚀；热电势与温度具有简单函数关系，最好是呈线性关系；微分热电势要大，电阻温度系数要比电导率高；易于加工，重复性好；价格便宜。

## 2.1.3 温度的控制

物质的物理、化学性质，如黏度、密度、蒸气压、表面张力、折射率等都随温度而改变，测定这些性质必须在恒温条件下进行。一些物理化学常数如平衡常数、反应速率常数等也与温度有关，这些常数的测定也需恒温，因此，掌握恒温技术非常有必要。

恒温控制可分为两类。一类是利用物质的相变温度来获得恒温，如液氮（77.3 K）、干冰（194.7 K）、冰水（273.15 K）、$Na_2SO_4 \cdot 10H_2O$（305.6 K）、沸水（373.15 K）、萘（491.2 K）等，这些物质处于相平衡时构成一个"介质浴"，将需要恒温的研究对象置于这个介质浴中，就可以获得一个高度稳定的恒温条件，如果介质是高纯度的，则恒温的温度就是该介质的相变温度，而不必另外精确标定；其缺点是恒温温度不能随意调节。

另一类是利用电子调节系统进行温度控制的，如电冰箱、恒温槽、高温电炉等。此方法控温范围宽，可以任意调节设定温度。电子调节系统种类很多，但从原理上讲，它必须包括三个基本部件即变换器、电子调节器和执行系统。变换器的功能是将被控对象的温度信号变换成电信号；电子调节器的功能是对来自变换器的信号进行测量比较、放大和运算，最后发出某种形式的指令，使执行系统进行加热或制冷。电子调节系统按其自动调节规律可以分为断续式二位置控制和比例积分微分（PID）控制等。

(1) 断续式二位置控制

实验室常用的电冰箱和恒温槽等，大多采用断续式二位置控制方法。变换器的形式分为如下几种。

① 双金属膨胀式温度控制器。不同金属的线膨胀系数不同，选择线膨胀系数差别较大的两种金属组合在一起，其中线膨胀系数大的金属制成棒状放在中心，系数小的金属套在外面，两种金属内端焊接在一起，外套管的另一端固定。在温度升高时，中心金属棒便向外伸长，伸长长度与温度成正比。通过调节触点开关的位置，可使其在不同温度区间内接通或断开，达到控制温度的目的。其缺点是控温精度差。

② 导电表变换器。若控温精度要求在 1 K 以内，实验室多用导电表作变换器。水银温度计的控制主要是通过继电器来实现的。

③ 动圈式温度控制器。双金属膨胀式温度控制器和导电表变换器不能用于高温，而动圈式温度控制器可用于高温控制，它采用能工作于高温的热电偶作为变换器。

插在电炉中的热电偶将温度信号转变为电信号，加于动圈式电压表的线圈上。该线圈用张丝悬挂于磁场中，热电偶的信号可使线圈有电流通过而产生感应磁场，感应磁场与外磁场作用使线圈转动。当张丝扭转产生的反力矩与线圈转动的力矩平衡时，转动停止。此时动圈偏转的角度与热电偶的热电势成正比。动圈上装有指针，指针在刻度板上指示温度数值。指针上装有铝旗，它随指针左右偏转。另有用于调节设定所需温度的检测线圈，其分为前后两半，装在刻度板后，可通过机械调节使其沿刻度板左右移动。检测线圈的中心位置通过设定针在刻度板上显示出来。加热时，铝旗随指示温度的指针移动，当上升到所需温度时，铝旗进入检测线圈，与线圈平行切割高频磁场，产生高频涡流电流使继电器断开而停止加热；当温度降低时，铝旗走出检测线圈，使继电器闭合又开始加热。通过以上方式使加热器断、续工作。为防止当被控体系的温度超过设定温度时，铝旗冲出检测线圈而产生错误的加热信号，在温控器内设有挡针。炉温升至给定温度时，加热器停止加热；低于给定温度时，加热器再开始加热。动圈式温度控制器的使用过程中，温度起伏比较大，控温精度比较差。

（2）比例积分微分（PID）控制

随着科学技术的发展，要求控制恒温和程序升温或降温的范围日益广泛，要求的控温精度也大大提高。在通常温度下，使用上述的断续式二位置控制器比较方便，但是由于只存在通、断两个状态，电流大小无法自动调节，控制精度较低，特别在高温时精度更低。20 世纪 60 年代以来，控温手段和控温精度有了新的进展，广泛采用 PID 调节器，使用可控硅控制加热时的电流，使电流随偏差信号大小而作相应变化，提高了控温精度。可控硅自动控温仪仍采用动圈式温度控制器，但其加热电压按比例（P）、积分（I）和微分（D）调节，以达到精确控温的目的。

（3）人工智能（AI）调节

随着科学技术的发展，应用人工智能（AI）调节技术研发出一种包含 PID 调节、模糊规则及自适应学习与记忆能力，同时具备自整定功能、提供零误差无超调的精密温度控制的智能控温仪，它广泛应用到科学研究和工业生产的各个领域，性能优良。

## 2.2 压力及相关技术

压力是用来描述体系状态的一个重要参数。许多物理、化学性质，如熔点、沸点、蒸气压都与压力有关。在化学热力学和化学动力学研究中，压力也是一个很重要的因素。因此，压力的测量具有重要的意义。

就物理化学实验而言，压力的应用范围高至气体钢瓶的压力，低至真空系统的真空度。压力通常可分为高压、中压、常压和负压。压力范围不同，测量方法不一样，精确度要求不同，所使用的单位也不同。

### 2.2.1 压力的表示方法

物理学上把均匀垂直作用于物体单位面积上的力称为压强，工程上也叫压力。国际单位制（SI）定义的压力的单位是帕斯卡，以"Pa"或"帕"表示。当作用于 1 平方米（$m^2$）面积上的力为 1 牛顿（N）时所产生的压力就是 1 帕斯卡（Pa）。许多过去常用的压力单位现在还没有完全废除，例如，atm（标准大气压，简称大气压，1 atm＝101325 Pa）、kg·$cm^{-2}$（工程大气压，1 kg·$cm^{-2}$＝98065 Pa）、bar（巴，1 bar＝100000 Pa）等。另外还常选用一些标准液体（如汞）制成液柱式压力计，压力大小就直接以液柱的高度来表示。除了所用单位不同外，压力还可采用不同的表示方式，常用的有绝对压力、表压和真空度。

在压力高于大气压的时候：

$$绝对压力 = 大气压 + 表压$$

在压力低于大气压的时候，表压的绝对值就是真空度：

$$绝对压力 = 大气压 - 真空度$$

### 2.2.2 常用测压仪表

(1) 液柱式压力计

液柱式压力计是化学实验中常用的压力计。它构造简单，使用方便，能测量微小压差，测量准确度比较高，制作容易，价格低廉，但是测量范围不大，示值与工作液密度有关，且它的结构不牢固，耐压程度较差。液柱式压力计中最常用的是 U 形压力计。

液柱式 U 形压力计由两端开口的垂直 U 形玻璃管及垂直放置的刻度标尺所构成。管内下部盛有适量工作液作为指示液。U 形管的两支管分别连接两个测压口。因为气体的密度远小于工作液的密度，因此，由液面高度差 $\Delta h$ 及工作液的密度 $\rho$、重力加速度 $g$ 可以得到下式：

$$p_1 = p_2 + \Delta h \rho g \tag{2-4}$$

$$\Delta h = \frac{p_1 - p_2}{\rho g} \tag{2-5}$$

U 形压力计可用来测量：两气体压力差；气体的表压（$p_1$ 为测量气压，$p_2$ 为大气压）；气体的绝对压力（令 $p_2$ 为真空度，$p_1$ 所示即为绝对压力）；气体的真空度（$p_1$ 通大气，$p_2$ 为负压，可测其真空度）。

(2) 弹性式压力计

利用弹性元件的弹性力来测量压力，是测压仪表中相当重要的一种形式。由于弹性元件的结构和材料不同，它们的弹性位移与被测压力的关系各不相同。实验室中接触较多的为单管弹簧管式压力计。这种弹性式压力计广泛用在压力釜的压力测量、高压钢瓶所用减压器上的压力指示。这种压力计的压力由弹簧管固定端进入，通过弹簧管自由端的位移带动指针运动，指示压力值。

使用弹性式压力计时应注意以下几点：

① 合理选择压力表量程，为了保证足够的测量精度，选择的量程应在仪表刻度标尺的 1/2～3/4 范围内。

② 使用时环境温度不得超过 35 ℃，如超过应给予温度校正。

③ 测量压力时，压力表指针不应有跳动和停滞现象。

④ 压力表应定期进行校验。

(3) 数字式低真空压力测试仪

数字式低真空压力测试仪是采用压阻式压力传感器测定实验系统与大气压之间压差的仪器。压阻式压力传感器是利用某些材料（如硅、锗等半导体）受外界压力应变时引起电阻率变化的原理制成的，传感器的敏感元件用某些材料（如单晶硅）的压阻效应，采用集成电路工艺技术扩散成 4 个等值应变电阻，组成惠斯通（Wheatstone）电桥。不受压力作用时，电桥处于平衡状态；当受到压力作用时，电桥的一对桥臂阻力变大，另一对变小，电桥失去平衡。若对电桥加一恒定的电压或电流，便可检测对应于所加压力的电压或电流信号，从而达到测量气体、液体压力大小的目的。

数字式低真空压力测试仪可取代传统的 U 形压力计，无汞污染现象，有利于环境保护和人体健康。该仪器的测压接口在仪器后的面板上。使用时，先将仪器按要求连接在实验系统上（注意实验系统不能漏气），再打开电源预热 10 min；然后选择测量单位，调节旋钮使数字显示为零；最后开动真空泵，仪器上显示的数字即为实验系统与大气压之间的压差值。

## 2.3 表面张力测量技术

气-液相界面上，液体表层分子受到指向液体内部的力大于指向气相的力，因此液体表层分子有进入液体内部的趋势，体现为液体有缩小其表面积的趋势。外界对液体做功使液体表面积增大 1 m² 时所需要的能量通常称为液体的表面吉布斯自由能，简称表面自由能，单位为 $J \cdot m^{-2}$。

当组成一定时，包含有表面自由能的热力学基本公式如下所示。

$$dG = -SdT + Vdp + \sigma dA_s \tag{2-6}$$

由式(2-6)可得：

$$\sigma = \left(\frac{\partial G}{\partial A_s}\right)_{T,p} \tag{2-7}$$

式中，$G$ 为吉布斯自由能；$A_s$ 为表面积；$\sigma$ 为表面张力。$\sigma$ 的物理意义为在等温等压且组成一定的条件下，体系增加单位表面积所需的能量。$\sigma$ 的单位为 $J \cdot m^{-2}$，所以 $\sigma$ 既可以表示表面自由能，也可以表示表面张力。表面张力：表面层的分子垂直作用在单位长度的边界上且与表面相切的力。表面张力和表面自由能量纲一致，概念不同。

液体表面张力的测量在化学、医药、生物工程等领域具有重要意义，测量液体表面张力的方法有毛细管上升法、最大气泡压力法、滴重法等。

(1) 毛细管上升法

干净的毛细管浸入液体内部时，如果液体间的分子力小于液体与管壁间的附着力，则液体表面呈凹形。此时表面张力产生的附加力为向上的拉力，并使毛细管内的液面上升，直到液柱的重力与表面张力相平衡。

$$2\pi r \sigma \cos\theta = \pi r^2 (\rho_l - \rho_g) gh \tag{2-8}$$

$$\sigma = \frac{(\rho_l - \rho_g) ghr}{2\cos\theta} \tag{2-9}$$

式中，$\sigma$ 为液体的表面张力；$r$ 为毛细管的内径；$\theta$ 为接触角；$\rho_l$ 和 $\rho_g$ 分别为液体和气体的密度；$h$ 为液柱的高度；$g$ 为当地的重力加速度。在实际应用中一般用透明的玻璃毛细管，如果玻璃被液体完全润湿，可以近似地认为 $\theta = 0°$。

毛细管上升法是测定表面张力最准确的一种方法，国际上也一直用此方法测得的数据作为标准。应用此方法时，要注意选择管径均匀、透明干净的毛细管，并对毛细管直径进行仔细标定；毛细管浸入液体时要与液面垂直。

(2) 最大气泡压力法

先将毛细管插入液体中，然后向毛细管中轻轻地吹入惰性气体（如 $N_2$ 等），如果毛细管的半径小，则在管口形成球形的气泡，并且当气泡为半球时，球的半径最小，等于毛细管半径 $r$；在成气泡前后，曲率半径都比 $r$ 大。当气泡为半球时，泡内的压力最大，管内、外最大压差可由压差计测量得到。

由于毛细管口位于液面下一定位置，气泡内、外最大压差 $\Delta p$ 等于压差计的读数减去毛细管端面液位静压值。当气泡进一步变大时，气泡内的压力逐渐减小，气泡逸出。利用最大压差和毛细管半径即可计算表面张力。

$$\sigma = r \cdot p/2 \tag{2-10}$$

此方法不用考虑接触角，装置简单，测定速度快；经过改进可以用于测量熔融金属和熔盐的表面张力。气泡的生成速度以每秒一个为宜，如果毛细管的管径大，气泡不能近似为球形，则必须进行修正，可以用标准液体对仪器常数进行标定。

(3) 滴重法

液体从很细的管口中缓慢滴出，液滴在表面张力的作用下缓慢变大，当重力大于表面张力时，液滴就会滴落下来。

表面张力的计算公式如下：

$$\sigma = \frac{mgF}{r} \tag{2-11}$$

式中，$r$ 为管口的半径；$m$ 为落下的液滴质量；$\sigma$ 为液体的表面张力；$g$ 为重力加速度；$F$ 为与 $r$ 有关的一个修正量，可以通过查表得到。

此方法不仅可以测量气-液界面张力，也可以测量液-液界面张力，应用时常常用标准液体进行标定。在实验过程中可以利用一个测微计使液滴缓慢生长，然后测定落下液滴的质量。此方法只能应用于液滴很小的情况。

(4) 表面波法

在液体表面存在波动，这种波动称为表面波。液体表面波动非常常见，其波长从毫米（毛细波）到千米（潮涌波），振幅从零点几毫米到几十米。表面波的性质受到表面张力和重力的影响。当表面波的波长比较大（$\lambda > 10$ mm）时，重力起主要作用；当表面波的波长比较小（$\lambda < 10$ mm）时，表面张力起主要作用。由流体力学的知识可以知道：

$$\sigma = \frac{f^2 \lambda^3 \rho}{2\pi} \tag{2-12}$$

式中，$f$ 为表面波的频率；$\lambda$ 为表面波的波长；$\rho$ 为液体密度；$\sigma$ 为液体的表面张力。

该法测量时间短、自动化程度高，可以实现在线测量和用于实时监控的测量。其表面张力的测量精度主要取决于波长和频率的测量精度。

## 2.4 电化学测量技术

电化学是研究化学能与电能相互转化以及电能与化学物质变化之间的相互关系和规律的

学科。电化学测量技术可以测量电解质溶液的电导率、电解质溶液中离子迁移数和原电池的电动势等，在物理化学实验中有着非常重要的地位，也是热化学中精密温度测量和计量的基础。

### 2.4.1 电导率的测量

电解质溶液的电导率反映电解质溶液中的离子状态及其运动信息，而且在稀溶液中离子浓度与电导率之间呈现简单的线性关系，因此电导率被广泛用于分析化学和化学动力学相关实验检测。

电导率仪的工作原理、电导率仪的应用等见 6.8 节。

### 2.4.2 原电池电动势的测定

（1）对消法测原电池电动势

必须在可逆条件下测量原电池电动势。可逆条件要求原电池中的各个电极反应过程可逆。测量电池电动势时，为了达到可逆条件，原电池中几乎没有电流通过（即测量回路中电流 $I \approx 0$）。为此，在测量装置上设计一个与待测原电池电动势数值相等而方向相反的外加电动势，以消除待测电池的电动势，这种测量电动势的方法称为对消法。

电位差计是根据对消法原理设计的一种平衡式电动势测量仪器，它与标准电池、检流计等组合在一起，成为测量电动势的基本仪器。

（2）数字式电位差计测原电池电动势

数字式电位差计（具体使用方法见第 3 章实验 11）用于电动势的精密测定，集合了电源、检流计、变阻箱等设备，用高精度标准电池作参考电压，仍采用对消法测量原电池电动势。仪器线路设计采用全集成器件，待测原电池电动势与参考电压经过高精度的仪表放大器比较输出，至平衡时即可知待测电动势的大小。

数字式电位差计的使用注意事项：

① 不要将仪器放置在有强电磁场干扰的区域内。
② 校准好电位差计后，不要随意再次校准，以免影响测量结果。
③ 如果电位差计运行正常，但加电后无显示，请检查保险丝。
④ 如果波段开关旋钮出现松动或错位，可扭开旋钮盖，用专用工具对准旋钮内槽口拧紧。

## 2.5 光学实验方法和技术

物理化学中的光学实验方法和技术可用于研究物质在光学领域中的相互作用，旨在通过光学手段来理解和研究分子、原子和材料的结构、性质和反应。具体的光学实验方法和技术包括光谱法（包括原子吸收光谱法、红外光谱法、紫外光谱法）、X 射线衍射法（单晶 X 射线衍射法、粉末 X 射线衍射法）和折射率法、旋光法。其中光谱法在仪器分析和有机化学课程中已经详细学习及应用，X 射线衍射法将在 2.6 节中详细讲解，本节所涉及的物理化学中的光学实验方法和技术主要指折射率法、旋光法。

## 2.5.1 折射率法

光线自一种透明介质进入另一透明介质的时候，由于两种介质的密度不同，光的传播速度发生变化，即光发生折射。每种纯液态物质在一定温度下都有相对应的折射率。折射率是物质的重要光学常数之一，可通过折射率来了解物质的光学性质。

折射率定义：光在不同介质中的传播速度不同，光在介质中的传播速度与光在真空中的传播速度的比值就是折射率。通过测量物质对光的折射，可以得到其折射率，该值与物质的化学成分和浓度相关。折射率可用 Snell 定律，即折射定律表示。

测定折射率的方法有多种，如经验法、阿贝折射仪法和棱镜法等。其中阿贝折射仪法是最常用的方法，通过测量棱镜的反射光线和折射光线之间的角度变化来测定棱镜的折射率。

在实际应用中，折射率法常用于混合物组成的测定、液体浓度和密度的测定、气体湿度的测定等。同时，折射率法也可以用于鉴别物质的种类和纯度，以及研究物质的结构和性质等。需要注意的是，折射率法的应用范围有一定的限制，不同物质的折射率会受到温度、湿度、压力等因素的影响，因此在实际应用中需要注意控制实验条件。同时，对于某些特定物质，如气体、固体或者高浓度液体等，折射率法可能不太适用。

## 2.5.2 旋光法

旋光法是一种用于测量物质旋光性的物理方法。旋光性是物质对偏振光旋转的能力，通常是由物质分子具有手性结构或不对称性所引起的。当普通光通过一个偏振的透镜或尼科尔棱镜时，一部分光被挡住，只有振动方向与棱镜晶轴平行的光才能通过。这种只在一个平面上振动的光称为平面偏振光，简称偏振光。偏振光的振动面在化学上习惯称为偏振面。当平面偏振光通过手性化合物溶液后，偏振面的方向就被旋转了一个角度。这种能使偏振面旋转的性质称为旋光性，具有这种性质的物质称为旋光性物质或光学活性物质，振动面旋转的角度为旋光度，用 $\alpha$ 表示。面向光线前进方向观察，如果偏振面向顺时针方向旋转，则称为右旋，用 $d$ 或者 + 表示；如果向逆时针方向旋转，则称为左旋，用 $l$ 或者 - 表示。物质的旋光性可采用旋光仪测量。

偏振光（polarized light）是一种特殊的光，其振动方向只限于某一固定方向。在垂直于传播方向的平面内，包含一切可能方向的横振动，且平均说来任一方向上具有相同的振幅，这种横振动与传播方向对称的光称为自然光。光波包含一切可能方向的横振动，但不同方向上的振幅不等，在两个互相垂直的方向上，振幅具有最大值和最小值，这种光称为部分偏振光。偏振光可以通过某些介质折射或反射后产生，其振动方向会比较统一。当光线通过一些介质如水面、玻璃等时，折射率较大的纵波（P波）会受到更大衰减，所以光会发生偏振，振动方向主要是横波（S波）方向。此外，当非偏振光通过偏振介质如偏振片时，与其偏振轴方向相同或相近的光可以通过，其他振动方向的光会被消除，从而得到偏振效果。偏振光与偏振轴方向相同时能最大程度通过，与其垂直时无法通过，这称为马吕斯定律，是偏振光的重要规律，常用于制作偏振镜和分析仪器。此外，偏振光在立体电影、镜头、车灯等领域有广泛应用。

比旋光度一般用 $[\alpha]$ 表示，是旋光物质的特征物理常数，表示旋光性物质在一定条件下的旋光能力。比旋光度是旋光仪测量的一个重要参数，其计算公式为

$$[\alpha]_D^t = \frac{100\alpha}{lc}$$

式中，$\alpha$ 为旋光度；$t$ 为测试温度；D 表示波长为 589 nm 的钠光灯源；$l$ 为测定管长度；$c$ 为溶液浓度。在测量比旋光度时，通常使用长 1 dm 的旋光管，待测物质的浓度为 $1\ g \cdot mL^{-1}$，灯源选用波长为 589 nm 的钠光灯源，这样可以消除管长和浓度对旋光度的影响，使比旋光度成为物质的特征物理常数。旋光度的大小与分子的空间构型有关，因此可以用于化合物的鉴别和纯度测定。在化学和生物领域中，旋光度具有重要的应用价值。例如，在制药和生物工程中，可以利用旋光度测定糖、氨基酸和蛋白质等物质的含量。旋光仪是测量物质旋光度的常用仪器。它包括光源、起偏镜、旋光管、分析镜和检测器等。光源发出的光线经过起偏镜产生偏振光，然后通过旋光管中的样品溶液，照射到分析镜上，最终测量出旋光度。

旋光法在化学、生物和制药等领域有广泛的应用，如测定手性化合物的纯度、鉴别物质的真伪、研究生物大分子的结构和功能等。此外，旋光法还可用于工业生产和质量控制中，如测定食品中糖的含量等。

### 2.5.3 光谱法

光谱法是利用光谱学的原理和实验方法来确定物质的结构和化学成分的分析方法。以下是一些常见的光谱法。

① 原子吸收光谱法 (atomic absorption spectrometry)。原子吸收光谱法用于分析物质中的金属元素含量，它基于在特定波长的光照射下，被测样品中的金属元素会吸收特定波长的光的原理，通过测量吸收光的强度来确定样品中金属元素的浓度。

② 紫外-可见光谱法 (ultraviolet-visible spectrometry)。紫外-可见光谱法是通过测量物质对紫外和可见光的吸收或反射来分析物质成分的方法，不同物质对紫外-可见光的吸收波长和吸收程度不同，因此可以用于物质的鉴别和定量分析。

③ 红外光谱法 (infrared spectrometry)。红外光谱法是利用红外光照射物质，通过测量物质对红外光的吸收或反射来分析物质成分的方法，不同物质在红外波段有不同的吸收特征，因此可以用于鉴别和纯度测定。

④ 核磁共振波谱法 (nuclear magnetic resonance spectroscopy)。核磁共振波谱法利用原子核的自旋磁矩进行研究，通过测量原子核在磁场中的共振频率来分析物质成分，该方法可以用于有机和无机物质的成分分析和结构测定。

⑤ 荧光光谱法。研究物质吸收光后发射的荧光，提供关于分子结构、动力学和环境的信息。

⑥ 拉曼光谱法。通过测量光的散射频移，提供关于分子振动和结构的信息。

其他光学实验方法和技术：

① X 射线、紫外光电子能谱（XPS、UPS）法。测量材料中光电子的能量分布，提供元素的化学状态和电子结构信息。

② 散射光谱法。包括动态光散射（用于测定溶液中颗粒的大小）以及小角散射（用于研究大分子结构）。

③ 偏振光谱法。研究光的振动方向，包括拉曼偏振光谱，用于分析分子的对称性和结构。

④ 光学显微镜法。包括荧光显微镜、共聚焦显微镜等，用于观察微观结构。
⑤ 激光技术。包括激光拉曼光谱法、激光诱导荧光光谱法等高灵敏度实验方法。
⑥ 光谱成像技术。结合光谱学和成像技术，提供空间分辨的光谱信息，例如光学相干断层扫描（OCT）。

这些技术在物理化学研究中发挥着关键作用，用于解析分子结构、研究材料性质、追踪化学反应等。方法的选择取决于研究的目标和样品的性质。

## 2.6 X射线衍射技术

X射线衍射（X-ray diffraction，XRD）是研究物质多晶形的主要技术之一，包括单晶X射线衍射（single crystal X-ray diffraction，SC-XRD）和粉末X射线衍射（powder X-ray diffraction，PXRD）两种，可用于区分混合物与化合物、晶态与非晶态。XRD可以通过晶胞参数，如原子间距离、环平面距离、双面夹角等信息，确定物质的晶形与结构。由于物质难以形成尺寸较大的单晶颗粒，因此，PXRD技术是目前主流的X射线衍射分析技术。

X射线衍射仪是利用XRD技术对物质进行非破坏性分析的仪器，主要包括光源、入射辐射波长限定装置、试样台、辐射检测器或变换器、信号处理和读取器。晶体晶胞中原子的种类、数目及其排列方式决定X射线对晶体的衍射强度。粉末X射线衍射技术可用于：①判断物质是否为晶体；②判断何种晶体物质；③判断物质的晶形；④计算物质结构的应力；⑤定量计算混合物质的比例；⑥计算物质晶体结构数据。XRD技术和其他专业相结合会有更广泛的用途，例如通过晶体结构来判断物质变形、变性、反应程度等。

X射线作为一种电磁波，入射到晶体中时，会在晶体中产生周期性变化的电磁场，进而引起晶体原子中的电子和原子核振动（原子核的质量很大，其振动可忽略不计）。振动的电子作为一个新的波源发射电磁波，以球面波方式向各个方向发射出频率相同的电磁波。虽然X射线按一定方向射入晶体，但X射线和晶体内电子发生作用后，就由电子向各个方向发射射线。当波长为$\lambda$的X射线射到晶体平面点阵时，每一个点阵点都对X射线产生散射。

如图2-1所示，平面点阵1对X射线有散射作用，当射线射到同一点阵平面的点阵点上时，如果入射X射线与点阵平面的夹角为$\theta$，则散射线与点阵平面的夹角也为$\theta$。并且，入射线、散射线和点阵平面的法线在同一平面内，也就是射到同一点阵平面内各点阵点的入射线和散射光所经过的光程相等，即$PP'=QQ'=RR'$。

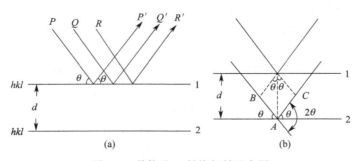

图2-1 晶体的X射线衍射示意图

整个平面点阵族对X射线的作用：相邻两个点阵平面间的距离为$d$，射到平面1和平面

2 上的 X 射线的光程差为 $BA+AC$，而 $BA=AC=d\sin\theta$，即 X 射线在相邻两个点阵平面的光程差为 $2d\sin\theta$。根据衍射条件，光程差是波长 $\lambda$ 的整数时会产生衍射，据此可以得到 X 射线衍射基本公式［布拉格（Bragg）方程］。

$$2d\sin\theta = n\lambda \tag{2-13}$$

式中，$\theta$ 为衍射角或布拉格角；$n$ 为衍射级数。

PXRD 检测以 $2\theta$ 为横坐标，以测得的 X 射线的强度（$I$）与最强衍射峰的强度（$I_0$）的比值（$I/I_0$）为纵坐标来绘制检测图谱。通常从衍射线的相对强度（$I/I_0$）、衍射角（$2\theta$）、晶面间距（$d$）可获得样品的晶体状态、晶形变化、结晶度及有无混晶等信息。

在测定样品 PXRD 数据时，需将样品研磨到粒度约为微米，研磨过程中要特别注意观察试样是否有变化。

# 第 3 章
# 基础实验

## 3.1 热力学部分

 **实验 1　恒温槽装配和性能测试**

### 一、实验目的

1. 了解恒温槽的构造及原理。
2. 学会安装恒温槽及测试恒温槽的灵敏度。

### 二、实验原理

在常温区，通常用恒温槽作为控温装置，它依靠恒温控制器来自动调节其热平衡，从而实现恒温的目的。当恒温槽因对外界散热而使介质温度降低时，恒温控制器就使恒温槽内的加热器工作，加热到所需的温度时它又停止加热，这样周而复始就可使液体介质的温度在一定范围内保持恒定。普通恒温槽一般由浴槽、搅拌器、加热器、温度计、感温元件和恒温控制器等组成。

#### 1. 浴槽

浴槽包括浴缸和液体介质。若要求恒定的温度与室温相差不大，采用敞口玻璃缸作为浴缸较合适，这样有利于观察实验现象。浴缸的大小和规格视实验的实际需要而定，在化学实验中常用 20 L 的圆形玻璃缸。若要求恒定较低的或较高的温度，则应对整个浴槽加以保温。液体介质应根据要求恒定的温度范围，选用不同的工作介质（表 3-1）。

表 3-1　恒温槽液体介质的选择

| 控温范围/K | 液体介质 |
| --- | --- |
| 273～363 | 乙醇或乙醇水溶液 |
| 213～303 | 水 |
| 353～433 | 甘油 |
| 343～393 | 液体石蜡或硅油 |

#### 2. 加热器

实验中恒定的温度一般都比室温高，因此需要向槽中液体介质不断供给热量以补偿其向环境散失的热量，常用的加热装置是加热器。加热器的选择原则：热容量小，导热性能好，功率适当。加热器功率的大小应视浴槽大小和恒温温度的实际需要而定，如容量为 20 L 的浴槽，要求恒温在 293~303 K，则可选用 200~300 W 的加热器。加热器的加热时间不宜太长，一般加热时间和停止加热时间的比例控制在(1∶20)~(1∶10)，如每隔 60 s 加热 4 s。为了提高恒温效率和精度，可采用两套加热器联用。开始时用功率较大的加热器加热，当接近需要温度时，再启用功率较小的加热器。

### 3. 搅拌器

加强液体介质的搅拌，对保证恒温槽各部位温度的均匀起着非常重要的作用。搅拌器的功率大小和安装位置对搅拌效果有很大影响。搅拌器以小型电动机带动，一般选用的功率为 40 W，用变速器来调节搅拌速度。搅拌器的安装位置一般是在加热器的上面或附近。

### 4. 温度计

为了观察恒温槽的温度，可选用 1/10 温度计，常采用贝克曼温度计或温差测量仪以测定恒温槽的灵敏度。温度计的安装位置应尽量靠近被测系统。所用的温度计必须加以校正。

### 5. 感温元件

感温元件是恒温槽的"感觉中枢"，是决定恒温槽精度的关键所在。本实验采用的感温元件为水银接触温度计。水银球作为接触的一端，并引出一根金属丝。触针作为接触的另一端，与一个能随外部磁铁旋转的螺杆相连，当转动管外的磁帽时，螺杆跟随转动，这个触针就上或下移动。从螺杆上引出一根金属丝，与水银球引出的金属丝一样，都是与继电器相接的导线。

调节温度时，旋转磁帽，使螺杆转动，直至螺杆上的标铁与刻度板上所需温度对齐。加热器加热时，水银柱上升，当升至与触针相接时，水银柱和触针相接通，继电器切断加热电源，停止加热。当温度降低，水银柱下降并与触针脱离时，电路断开，继电器接通加热器，开始加热。水银接触温度计精度差，不能指示恒温槽的温度，恒温槽的温度由 1/10 温度计指示。水银接触温度计允许通过的电流很小，在几毫安以下，不能同加热器直接相连，中间要加一个继电器来实现"通"与"断"。

### 6. 恒温控制器

实验室常用电子继电器来进行温度控制。随着电子技术的发展，电子继电器中的电子管大多被晶体管所代替。典型的晶体管继电器是利用晶体管工作在截止区及饱和区呈现的开关特性制成的。如图 3-1 所示，当温度低于给定值时，水银接触温度计 $T_r$ 断开，$E_c$ 通过 $R_k$ 给三极管 BG 的基极注入正向电流 $I_b$，三极管的基极为正电流，极管导通，继电器 J 的触点 K 被吸合，接通加热器电源，使温度上升。恒温槽的温度升至给定值时，水银接触温度计 $T_r$ 接通。三极管 BG 的基极发射被短路使 BG 截止，继电器的触点 K 断开，加热器断电，停止加热。当继电器线圈中的电流突然变小时，二极管 D 产生一个较高的电流，以避免三极管 BG 被击穿。

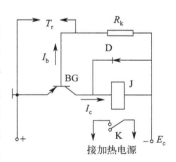

图 3-1 典型的晶体管继电器工作原理图

在实验中可采用能调节输出功率的节能控温仪。在不改变浴槽和加热器的条件下，就可通过调节节能控温仪的输出功率来满足不同大小的恒温槽和不同恒温温度的需要，以提高恒温槽的效率和精度。

目前采用智能 PID 技术实现控温和测温，其可以按照设定自动调整加热系统，控温和恒温水平有明显提升。

由于加热器的间断工作,恒温槽所控制的温度在一定范围内波动,而且槽内各处的温度也会因搅拌效果的优劣而略有差异。通常以波动的最高温度与最低温度之差的 1/2 来表示其灵敏度。所以,控制温度的波动范围越小,各处的温度越均匀,恒温槽的灵敏度就越高。灵敏度是衡量恒温槽优劣的主要标志。灵敏度与感温元件、继电器、搅拌器的效率以及加热器的功率和组装技术等因素均有关。

测定恒温槽灵敏度的方法:在指定温度下,观察温度随时间波动的情况,采用灵敏的贝克曼温度计或温差测量仪记录温度,并将温度作为纵坐标,相应的时间作为横坐标,绘制恒温槽灵敏度曲线。如测得最高温度为 $T_1$,最低温度为 $T_2$,则该恒温槽的灵敏度 $T_E$ 为

$$T_E = \pm \frac{T_1 - T_2}{2} \tag{3-1}$$

综上所述可知,要组装一个优良的恒温槽必须选择合适的组件并进行合理的安装。

### 三、实验仪器与药品

仪器:玻璃缸;水银接触温度计;贝克曼温度计或精密温差测量仪;1/10 温度计;秒表;搅拌器;加热器;控温仪。

药品:蒸馏水。

### 四、实验步骤

1. 在水浴槽中注入总容积 4/5 左右的蒸馏水。
2. 调节恒温槽的恒定温度为 35 ℃:旋开水银接触温度计的固定螺丝,旋动磁帽使标铁指示位于 35 ℃。
3. 插上电源,开始加热并打开搅拌,注意观察 1/10 温度计的读数,当达到 34 ℃ 时,重新调节水银接触温度计的标铁,使触针与水银处于刚刚接触或断开的状态(这一状态可由继电器的衔铁与磁铁的接触与断开来判断,通常红灯亮表示加热,绿灯亮表示停止加热)。逐步旋转水银接触温度计的磁帽,观察 1/10 温度计的读数,当升至 35 ℃ 时,继电器的红绿指示灯交替亮与暗,这时可固定水银接触温度计的磁帽。
4. 将贝克曼温度计探头插入恒温槽中,打开电源开关,预热 5 min,显示数值为一任意值。等显示数值稳定后,按下"置零"按钮并保持 2 s,参考值 $T_0$ 自动设定在 0.000 附近。
5. 调节水银接触温度计,升高温度设定为 2 ℃ 左右。恒温槽温度恒定(继电器指示灯交替闪烁)后,等待 5 min 使贝克曼温度计温度恒定(小范围波动)。
6. 开始计时,每 1 min 记录一次贝克曼温度计读数,记录 30 min。

### 五、数据记录及结果处理

#### 1. 恒温槽装配和性能测试的数据处理

① 以时间为横坐标,温度为纵坐标,绘制灵敏度曲线。
② 确定恒温槽的灵敏度及温度的波动范围。
③ 评估恒温槽性能(恒温槽灵敏度≤0.05 ℃,性能优良;0.05 ℃≤恒温槽灵敏度≤0.1 ℃,性能一般)。

#### 2. 恒温槽装配和性能测试数据

① 将实验数据填入表 3-2。

表 3-2 恒温槽装配和性能测试数据表

| 时间/min | 1 | 2 | 3 | 4 | 5 | 6 |
|---|---|---|---|---|---|---|
| 温度/℃ | | | | | | |
| 时间/min | 7 | 8 | 9 | 10 | 11 | 12 |
| 温度/℃ | | | | | | |
| 时间/min | 13 | 14 | 15 | 16 | 17 | 18 |
| 温度/℃ | | | | | | |
| 时间/min | 19 | 20 | 21 | 22 | 23 | 24 |
| 温度/℃ | | | | | | |
| 时间/min | 25 | 26 | 27 | 28 | 29 | 30 |
| 温度/℃ | | | | | | |

② 最高温度：_____℃；最低温度：_____℃；灵敏度：_____℃。

## 六、实验注意事项

1. 恒温槽需接地线。

2. 实验结束必须关闭电源开关，并整理清洁。

3. 水银接触温度计的刻度只是一个粗略的指示，在恒温控制调节过程中不能作为温度调节标准。当温度达到比预定的恒定温度低 1 ℃左右时，必须缓慢进行调节。

## 七、思考题

1. 普通恒温槽由几部分组成？各部分的作用是什么？

2. 普通恒温槽与超级恒温槽的区别是什么？

## 实验 2　溶解热的测定

### 一、实验目的

1. 掌握电热补偿法测定积分溶解热的方法。
2. 掌握计温、量热的基本原理。
3. 学会用雷诺图解法进行温差校正。

### 二、实验原理

物质溶解的热效应称为溶解热，可以分为积分溶解热和微分溶解热两种类型。积分溶解热是恒温恒压条件下把 1 mol 物质溶解在 $n_0$ 溶剂中所产生的热效应。因为溶解过程中溶液浓度处于变化过程，因此又称为变浓溶解热，以 $\Delta_{sol}H$ 表示。微分溶解热是指在恒温恒压条件下 d$n$ 溶质溶解在某特定浓度溶液中所产生的热效应，溶解过程中的溶液浓度可视为不变，即恒温、恒压、恒溶剂状态下由微小的溶质增量所引起的热量变化，因此又称为定浓溶解热，表达式如下：

$$微分溶解热 = \left(\frac{\partial \Delta_{sol}H}{\partial n_0}\right)_{T,p,n_0} \tag{3-2}$$

稀释热是指在指定温度下将一定量溶剂添加到溶液中，使溶液稀释所产生的热效应，又称为冲淡热。稀释热也包括积分稀释（或定浓）热和微分稀释（或定浓）热两种。积分稀释热是指在恒温恒压条件下把原含有 1 mol 溶质、$n_1$ 溶剂的溶液稀释到含有 $n_2$ 溶剂时产生的热效应，它等于两浓度的积分溶解热之差。微分稀释热是指将 d$n_0$ 溶剂加到某一浓度的溶液中所产生的热效应，即恒温、恒压、恒溶质状态下，溶剂增加微小量所引起的热量变化，表达式为：

$$微分稀释热 = \left(\frac{\partial \Delta_{sol}H}{\partial n_0}\right)_{T,p,n} \tag{3-3}$$

将积分溶解热 $\Delta_{sol}H$ 对 1 mol 溶质的溶剂量 $n_0$ 作图（图 3-2），其他溶解热可以由 $\Delta_{sol}H$-$n_0$ 曲线求得。

量热法测定积分溶解热，通常在近似绝热的量热计中进行。把一定量某种盐溶解在一定量的水中，测出溶解过程的温度变化 $\Delta T$，则相应的溶解热为：

$$\Delta_{sol}H = (V\rho c_1 + mc_2 + K) \times (\Delta TM/m) \tag{3-4}$$

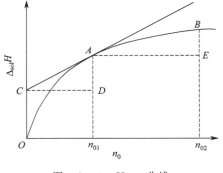

图 3-2　$\Delta_{sol}H$-$n_0$ 曲线

式中，$\Delta_{sol}H$ 为测量温度及浓度下的积分溶解热；$V$ 为水的体积；$\rho$ 为水的密度；$c_1$ 为水的比热容；$m$ 为盐的质量；$c_2$ 为盐的比热容；$M$ 为盐的摩尔质量；$\Delta T$ 为溶解过程的温差；$K$ 为量热计热容。

实验测得 $m$、$\Delta T$、$K$，求出 $\Delta_{sol}H$。本实验通过 KCl 的已知溶解热，测得溶解过程 $\Delta T$，求出量热计热容 $K$；再测出 $KNO_3$ 溶解过程的温度变化，求出 $KNO_3$ 溶解热。

## 三、实验仪器与药品

仪器：杜瓦瓶；热力学测定装置；500 mL 容量瓶；玻璃漏斗；分析天平。
药品：氯化钾（AR）；硝酸钾（AR）；等等。

## 四、实验步骤

1. 用容量瓶向洁净干燥的杜瓦瓶内加 500 mL 蒸馏水，插入搅拌器、感温探头等，组装好设备。
2. 打开搅拌，开始记录体系温度。当温度稳定后，长按仪器面板上的"置零"按钮，将温差置零，可以看到显示数为 0.000。
3. 在分析天平上称量 5 g 左右烘干研细的 KCl，记录精确质量 $m_A$。
4. 拔出杜瓦瓶盖上的塞子，立即将称量好的 KCl 经漏斗迅速倒入，取下漏斗，重新塞上塞子继续搅拌。当温度基本不再变化，即可停止记录。
5. 在分析天平上称量 5 g 左右烘干研细的 $KNO_3$，记录精确质量 $m_B$。重复上述实验操作。

## 五、数据记录及结果处理

### 1. 数据处理

① 对温度曲线进行雷诺校正（具体方法见 3.3 节），得到 KCl 溶解的温差 $\Delta T_A$ 和 $KNO_3$ 溶解的温差 $\Delta T_B$。
② 用下列公式计算量热计热容 $K$。

$$K = \frac{\Delta H_A m_A}{\Delta T_A M_A} - V\rho c_1 - m_A c_A \tag{3-5}$$

式中，$\Delta H_A$ 为 KCl 的溶解热；$M_A$ 为 KCl 的摩尔质量；$c_A$ 为 KCl 的比热容。
③ 用下列公式计算 $KNO_3$ 的溶解热。

$$\Delta H_B = (V\rho c_1 + m_B c_B + C) \times (\Delta T_B M_B / m_B) \tag{3-6}$$

式中，$\Delta H_B$ 为 $KNO_3$ 的溶解热；$M_B$ 为 $KNO_3$ 的摩尔质量；$c_B$ 为 $KNO_3$ 的比热容。
④ 计算 $KNO_3$ 的溶解热的相对偏差。

### 2. 溶解热测定的实验数据（表 3-3）

表 3-3 溶解热测定的实验数据表

| KCl 质量 $m_A$/g | | 温差 $\Delta T_A$/K | |
|---|---|---|---|
| $KNO_3$ 质量 $m_B$/g | | 温差 $\Delta T_B$/K | |
| 量热计热容 $K$/(J·K$^{-1}$) | | | |
| $KNO_3$ 的溶解热 $\Delta H_B$/(J·kg$^{-1}$·K$^{-1}$) | | | |
| 相对偏差/% | | | |

## 六、实验注意事项

1. 不要剧烈搅拌，以免搅拌棒与杜瓦瓶相碰致其损坏，且避免将溶液溅在器壁及瓶塞上，否则会影响实验结果的精确度。
2. 向杜瓦瓶中倒入盐时，操作必须迅速，不可使漏斗内壁上沾有溶质。

## 七、思考题

1. 阐述测定量热计热容的原理。
2. 温度和浓度对溶解热是否存在影响?
3. 如何从实验温度下的溶解热计算其他温度下的溶解热?
4. 分析实验中的各种影响因素。

## 八、附注

1. 20 ℃时,$KNO_3$ 和 KCl 的比热容分别为 895.38 J·kg$^{-1}$·K$^{-1}$、669.44 J·kg$^{-1}$·K$^{-1}$。

2. $KNO_3$ 的溶解热为 34.518 J·kg$^{-1}$·K$^{-1}$(1 mol $KNO_3$ 溶解于 400 mol 水中),KCl 的溶解热为 18.297 J·kg$^{-1}$·K$^{-1}$(1 mol KCl 溶解于 200 mol 水中)。

**实验 3　燃烧热的测定**

## 一、实验目的

1. 了解氧弹量热计的原理、构造及使用方法，掌握热化学实验的基本知识、测量技巧。
2. 明确燃烧热的定义，理解恒压燃烧热 $Q_p$ 与恒容燃烧热 $Q_V$ 的差异。
3. 学会用氧弹量热计测定萘的燃烧热。
4. 掌握用雷诺图解法修正温度变化值。

## 二、实验原理

**1. 燃烧热**

热量是一个很难测定的物理量，热量的传递通常表现为温度的改变，而温度较易测量。如果有一种仪器，已知它每升高 1 ℃ 所需的热量，那么就可以通过这种仪器进行燃烧反应，只要观察测定升高的温度就可以计算出燃烧放出的热量。根据这一热量便可求出物质的燃烧热。本实验采用的氧弹量热计就是这样一种仪器。

燃烧热是指 1 mol 物质完全燃烧时所放出的热量。完全燃烧是指有机物质中的碳氧化生成气态二氧化碳、氢氧化生成液态水。在强的氧化条件下，许多有机物能够迅速而完全地进行燃烧，这就为准确测定它们的燃烧热提供了有利条件。例如萘的完全氧化方程式为：

$$C_{10}H_8(s) + 12O_2(g) = 10CO_2(g) + 4H_2O(l)$$

燃烧热的测定可在恒容或恒压条件下进行。由热力学第一定律可知，在不做非膨胀功的情况下，恒容燃烧热 $Q_V = \Delta U$，恒压燃烧热 $Q_p = \Delta H$。在氧弹量热计中测得的燃烧热为 $Q_V$。$Q_V$ 与 $Q_p$ 的关系为：

$$Q_p = Q_V + \Delta n R T \tag{3-7}$$

式中，$\Delta n$ 为反应前后生成物和反应物中气体的物质的量的差值；$R$ 为摩尔气体常数；$T$ 为反应温度，K。

**2. 氧弹量热计**

本实验采用氧弹量热计测量萘的燃烧热。在盛有一定量水的容器中，将一定量待测物样品置于密闭的氧弹中完全燃烧，放出的热量通过氧弹传递给水，引起温度变化。质量为 $m$ 的物质的燃烧热为：

$$-\frac{m_{样}}{M}Q_V - m_{点火丝}Q_{点火丝} = (c_水 m_水 + C_计)\Delta T = C\Delta T \tag{3-8}$$

式中，$M$ 为样品的摩尔质量，$g \cdot mol^{-1}$；$Q_V$ 为样品的恒容燃烧热，$kJ \cdot mol^{-1}$；$m_{点火丝}$ 为点火丝的质量，g；$Q_{点火丝}$ 为点火丝的燃烧热，$kJ \cdot g^{-1}$；$m_水$ 为水的质量，g；$c_水$ 为水的比热容，$kJ \cdot g^{-1} \cdot ℃^{-1}$；$C_计$ 为除水之外，热量计升高 1 ℃ 所需的热量，$kJ \cdot ℃^{-1}$；$\Delta T$ 为燃烧前后的温度变化，℃；$C$ 为量热计（包含水）的热容，$kJ \cdot ℃^{-1}$。

氧弹是一种特殊设计的不锈钢容器，如图 3-3 所示，其内部充满氧气，以确保在燃烧过程中药品能够得到充分氧化。

氧弹的结构独特，它在实验室中常被用于测量物质的燃烧热。在氧弹中，燃烧产生的热

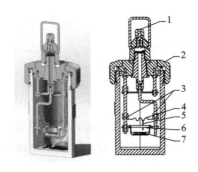

图 3-3 氧弹内部结构图

1—电极（也是进气口、排气口）；2—弹盖；3—电极杆；4—点火丝；5—棉线；6—燃烧坩埚；7—药品

量与外部环境进行的热交换接近于零。这种设计的目的在于最大限度地传递燃烧产生的热量至量热计及其内部的水。这样一来，氧弹就能够有效地收集和传递燃烧过程中的能量，为测量燃烧热提供准确的数据。然而，热量散失是难以避免的。一方面，可能是环境向量热计辐射热量，导致其温度上升。另一方面，也可能是量热计向环境辐射热量，使其温度降低。这两种情况都会对燃烧前后的温度变化值产生影响，使它们无法直接精确测量。为了解决这一问题，必须通过作图法对温度变化值进行校正。作图法是一种常用的校正方法，它通过绘制燃烧前后温度变化的数据点来拟合一条直线，以反映出真实的热量变化情况，从而消除环境因素对温度测量的影响。这样一来，就可以更准确地计算出物质的燃烧热。这种方法在实验室研究中具有重要意义，有助于更好地理解和研究物质的燃烧特性。

### 3. 雷诺图解法

在复杂精密的科学实验中，精确性和准确性是首要考虑的因素。为了确保实验结果的准确性，科学家们不仅需要精心设计和制造高级的实验仪器，而且需要不断改进、优化仪器的性能。然而，即便如此，实验过程中许多难以避免的因素依然存在。

在这些因素中，环境与体系间的热量传递是核心问题之一。它如一只隐形的手，悄悄影响着实验结果的精确性。以燃烧热的测定为例，轻微的温度变化可能会带来数据的偏差，从而影响对实验结果的理解和分析。特别是在燃烧反应等涉及大量热能释放的实验中，热量传递对温升的影响更为显著，这使得从温差测定仪上难以获取准确的温升 $\Delta T$。

为了解决这一问题，科学家们经过长时间的研究和实践，找到了一个有效的解决方案——雷诺图解法。这种方法被誉为理想的温度校正手段，它通过一系列复杂的数学计算和图形分析，将实验过程中由热量传递而产生的误差进行修正。这种方法不仅提高了实验的准确性，而且为深入探索和研究燃烧反应等领域的内在机制提供了强有力的支持。

雷诺图解法的应用原理相当独特和精密。它依赖于复杂的数学模型和计算机模拟技术，将实验数据与理论模型进行比对，进而分析出由热量传递导致的误差成分。这种方法不仅仅是为了消除误差，更是为了进一步提高实验的精确性和准确性。

通过雷诺图解法的应用，科学家们可以更准确地测定燃烧反应所引起的温升 $\Delta T$，这无疑为燃烧反应机制的研究提供了有力的数据支持。更为重要的是，通过雷诺图解法可以揭示燃烧反应的奥秘，进一步探究其内在的运行规律。这种规律性的认识对提高燃烧效率、优化燃料使用、降低环境污染等都有着深远的影响。

雷诺图解法的应用范围并不局限于燃烧反应领域。事实上，这种温度校正方法可以被广泛应用于任何涉及热量传递的实验和研究。无论是化学反应、生物实验还是材料科学等领域，只要存在温度变化和热量传递的问题，雷诺图解法都可以作为一种有效的工具来提高实验的准确性和精确性。

燃烧热雷诺图解法校正示例如下所述：

对燃烧前后所测得的水温进行时间序列分析，可得到 $FHIDG$ 折线，如图 3-4 和图 3-5 所示。在图 3-4 中，$H$ 点代表燃烧起始点，$D$ 点则为所观测到的最高温度。在温度为室温处，绘制一条平行于时间轴的 $IJ$ 线，与折线 $FHIDG$ 相交于 $I$ 点。从 $I$ 点引出垂直于时间轴的 $ab$ 线，并将 $FH$ 线和 $GD$ 线分别向外延伸，与 $ab$ 线相交于 $A$ 点和 $C$ 点。两点间的距离即为 $\Delta T$。

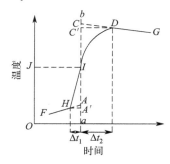

图 3-4　绝热较差时的雷诺校正图　　　　图 3-5　绝热良好时的雷诺校正图

图中，$AA'$ 代表从燃烧开始至温度升至室温这一过程 $\Delta t_1$ 内，由环境辐射及搅拌所引入的能量导致的量热计温度上升，这一部分应予以扣除。而 $CC'$ 则表示从室温升至最高温度 $D$ 这一过程 $\Delta t_2$ 内，量热计因向环境辐射而导致的自身温度降低，需对其进行补偿。因此，$AC$ 可以较为客观地反映出燃烧反应所引起的量热计温度变化。

在某些情况下，量热计的绝热性能良好、热漏较小，且搅拌器的功率较大，会持续引入能量，因此曲线不出现极高温度点，如图 3-5 所示，其校正方法类似。

在采用这种绘图方法进行校正时，需要特别关注的一个问题是量热计的温度与外界环境温度之间的差异。理论上，这两种温度之间的差距越小越好，最好不超过 2~3℃。这是因为如果两者差异过大，可能会引入显著的误差，从而影响到校正结果的准确性。

### 三、实验仪器与药品

仪器：氧弹量热计；分析天平（0.0001 g）；1 L 容量瓶；氧气瓶（带氧气表）；压片机；充氧仪；万用表；热力学综合测定装置；等等。

药品：苯甲酸（AR）；萘（AR）；等等。

### 四、实验步骤

1. 粗称苯甲酸 0.8 g。
2. 取约 15 cm 点火丝，精确称质量 $m_{t_1}$ 并记录。将点火丝两端对齐从垫片中间穿过，然后将两根点火丝置于两侧凹槽内。将垫片放入套管，从上方放入样品，卡口放在卡槽内，用压片机压片。取下下方垫片，再扭手柄将药片顶出，顺着点火丝抽出药片，在纸上抖落粉末，精确称质量 $m_1$。苯甲酸的燃烧质量为 $(m_1 - m_{t_1})$。

3. 将两根点火丝分别拴在左右两边电极上，药片悬在中间，不要碰到电极。用万用表检查电极间电阻，避免出现短路或断路情况。

4. 装入弹头，将氧弹下半部分扭紧，手提拉环固定上方，以免上面的电极松动。

5. 充氧：逆时针打开钢瓶总阀（约 7 MPa）；将氧弹放在立式充气机下方，压下手柄充氧到 0.5 MPa；放气阀放气（空气排出），再充 1.5 MPa 氧气。

6. 用 1 L 容量瓶向量热计内筒内倒水，共计 3 L。

7. 将氧弹放入水桶中央，将点火接头与氧弹两极连接，盖上盖子后，安装好搅拌器。打开搅拌器，并将温度/温差探头插入量热计内筒水浴中测出环境温度。

8. 打开燃烧热测定软件，开始实验，记录环境温度变化，随着搅拌时间的增长，温度稳定上升。

9. 长按热力学综合测定仪上"温度/温差"至显示温差；长按"置零"按钮至显示零。

10. 电脑软件点击"开始实验"，待温度平稳（约 3 min），长按热力学综合测定装置上的"点火"按钮。

11. 实验结束后停止搅拌，拆线，拿出弹头。放气阀放气，拆下没燃烧的点火丝，精确称量质量 $m_{t_2}$ 并记录。

12. 倒掉内筒水，称量 0.7 g 萘，重复步骤 2~11。记录萘片点火丝质量 $m_{d_1}$、萘片精确质量 $m_2$、萘燃烧剩余点火丝质量 $m_{d_2}$。

## 五、数据记录及结果处理

### 1. 燃烧热测定数据处理

① 在数据图上做雷诺校正，得到苯甲酸燃烧温度升高 $T_1$，萘燃烧温度升高 $T_2$。

② 计算苯甲酸燃烧中点火丝实际燃烧质量：$m_{t_1} - m_{t_2}$。

③ 计算量热计热容 $C$，点火丝的燃烧热为 6694 J·g$^{-1}$。

$$C = [m_1 \times (-26460 \text{ J·g}^{-1}) - (m_{t_1} - m_{t_2}) \times (-6694 \text{ J·g}^{-1})]/T_1$$

④ 计算萘的恒容燃烧热 $Q_V$。

$$Q_V = -[CT_2 + (m_{d_2} - m_{d_1}) \times (-6694 \text{ J·g}^{-1})]/m_2$$

⑤ 计算萘的恒压燃烧热 $Q_p$。

$$Q_p = Q_V - 2 \text{ mol} \times RT$$

⑥ 计算萘的恒压燃烧热的相对误差。

### 2. 燃烧热测定实验数据（表 3-4）

表 3-4 燃烧热测定实验数据表

| 苯甲酸燃烧实验 | | | |
|---|---|---|---|
| 点火丝质量 $m_{t_1}$/g | | 苯甲酸片质量 $m_1$/g | |
| 剩余点火丝质量 $m_{t_2}$/g | | 温度升高 $T_1$/K | |
| 萘燃烧实验 | | | |
| 点火丝质量 $m_{d_1}$/g | | 苯甲酸片质量 $m_2$/g | |
| 剩余点火丝质量 $m_{d_2}$/g | | 温度升高 $T_2$/K | |
| 量热计热容 $C$/(J·K$^{-1}$) | | 萘的恒容燃烧热 $Q_V$/(kJ·mol$^{-1}$) | |
| 萘的恒压燃烧热 $Q_p$/(kJ·mol$^{-1}$) | | $Q_p$ 的相对误差/% | |

### 六、实验注意事项

1. 压片机要专用。
2. 内筒中加 3 L 水后若有气泡逸出,说明氧弹漏气,检查并排除。
3. 搅拌时不得有摩擦声。
4. 测定样品萘时,内筒水要更换且需调温。
5. 拔电极时注意不要拔线。
6. 第二次实验注意擦内筒。

### 七、思考题

1. 本实验中,哪些为体系?哪些为环境?实验过程中有无热损耗?如何降低热损耗?
2. 恒容燃烧热和恒压燃烧热的相互关系如何?
3. 热量计热容是什么?其单位是什么?

### 八、文献参考值

相关实验数据参考值见表 3-5。

表 3-5 苯甲酸和萘的恒压燃烧热参考值

| 样品 | 恒压燃烧热/(kcal·mol$^{-1}$) | 恒压燃烧热/(kJ·mol$^{-1}$) | 恒压燃烧热/(J·g$^{-1}$) |
| --- | --- | --- | --- |
| 苯甲酸 | -771.24 | -3226.9 | -26410 |
| 萘 | -1231.8 | -5153.8 | -40205 |

注:上述参考值均在标准大气压、25 ℃的条件下测定。

## 实验 4　液体饱和蒸气压和汽化焓的测定

### 一、实验目的

1. 了解沸点的意义、沸点与压力的关系及饱和蒸气压与温度的关系。
2. 运用克拉佩龙-克劳修斯（Clapeyron-Clausius）方程式计算摩尔汽化焓。
3. 掌握测定饱和蒸气压的方法。

### 二、实验原理

在一定温度下，气、液平衡时的蒸气压叫作饱和蒸气压。蒸发 1 mol 液体所需要吸收的热量 $\Delta_{vap}H_m$ 即为该温度下液体的摩尔汽化焓。饱和蒸气压与温度的关系服从克拉佩龙-克劳修斯方程：

$$\frac{\mathrm{d}\ln p}{\mathrm{d}T}=\frac{\Delta_{vap}H_m}{RT^2} \tag{3-9}$$

随着温度的升高，饱和蒸气压的值也增大。当饱和蒸气压等于外界压力时，液体沸腾，其对应的温度称为沸点。饱和蒸气压恰为一个标准大气压时所对应的温度则为该液体的标准沸点。

如果温度改变区间不大，则可把 $\Delta_{vap}H_m$ 视作常数，由式（3-9）积分得：

$$\ln p=-\frac{\Delta_{vap}H_m}{R}\times\frac{1}{T}+C \tag{3-10}$$

以 $\ln p$ 对 $\frac{1}{T}$ 作图，即得一直线，其斜率应为：

$$k=-\frac{\Delta_{vap}H_m}{R} \tag{3-11}$$

所以 $\Delta_{vap}H_m=-kR$。

测定蒸气压的方法有动态法、饱和气流法和静态法等。

① 动态法。利用测定液体沸点求出蒸气压与温度的关系，即利用改变外压测得液体不同的沸腾温度，从而得到液体不同温度下的蒸气压。对于沸点较低的液体，用此法测定蒸气压与温度的关系比较好。

② 饱和气流法。将一定体积的空气（或惰性气体）以缓慢的速率通过一个易挥发的待测液体，使空气被该液体蒸气饱和。分析混合气体中各组分的量以及总压，再按气体分压定律求算混合气体中蒸气的分压，即是该液体的蒸气压。此法亦可测定固态易挥发物质如碘的蒸气压。它的缺点是通常不易达到真正的饱和状态，因此实测值偏低。故这种方法通常只用来求溶液蒸气压的相对降低。

③ 静态法。把待测物质放在一个封闭体系中，在不同温度下直接测量饱和蒸气压或在不同外压下测液体的沸点。

本实验采用等压计（平衡管）显示体系的沸点。如图 3-6 所示，等压计包括储液球 A 及包含 B、C 两个小球的 U 形管。储液球和 U 形管之间完全充满待测液体的蒸气，当 U 形管左右两侧液面在同一水平时，A 球液面上的蒸气压与加在 U 形管液面上的外压相等。此时液体的温度就是体系的气、液平衡温度即沸点。A 球中待测液体的体积以占样品球的 2/3 为宜。

体系的温度用量程为 100 ℃ 的 1/10 温度计测定。温度计的设计为浸没式（温度计示数以内应浸没在待测体系中）。由于本实验待测温度较高，温度计大部分暴露在待测体系之外，需要进行露茎校正。

如图 3-7 所示，用两支温度计（测量温度计和辅助温度计）进行露茎校正。测量温度计置于待测体系中，得到待测温度 $T_{观}$，测量温度计的示数有一部分暴露在待测体系之外，高度为 $h$；辅助温度计暴露在待测体系上方的环境中，得到环境温度 $T_{环}$，由式(3-12)计算真实待测温度。

$$T_{真实}=T_{观}+\Delta T_{露}=T_{观}+(1.6\times10^{-4}\,\text{cm}^{-1}\cdot h)\times(T_{观}-T_{环}) \tag{3-12}$$

式中，温度的单位为 K。

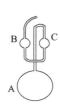

图 3-6 等压计（平衡管）示意图

图 3-7 温度计露茎校正

### 三、实验仪器与药品

仪器：蒸气压测定仪；真空泵；数字式低真空测压仪；温度计 2 支；等压计；1 L 玻璃烧杯；电炉；等等。

药品：蒸馏水。

### 四、实验步骤

1. 在等压计中加蒸馏水，使 B、C 两球的水面在球中央，水少即加水。由下向上放置电炉、石棉网、1 L 玻璃烧杯；用铁架台和铁夹将等压计固定在烧杯里，注意离烧杯底 1 cm 左右；等压计上方接冷凝管，冷凝管接真空设备；可以用棉线将冷凝管和等压计固定在一起。在烧杯中加蒸馏水，浸没等压计的三个小球。测量及辅助温度计挂在冷凝管上，辅助温度计的底端在测量温度计上方 1/2 高度处。

2. 打开等压计。

3. 打开缓冲包，关闭缓冲包与系统和真空泵之间的阀门，使系统通大气。

4. 烧水至沸腾，保持 5～8 min，将等压计中的空气赶净。注意热水不要溅出，之后关闭电炉。

5. 待等压计中液面水平后，将低真空测压仪的读数置零，记录两温度计温度 $T_{观}$、$T_{环}$ 及露茎高度 $h$（此时真空计读数为 0 kPa）。

6. 打开真空泵，关闭缓冲包通大气阀门，打开泵上三通。

7. 待等压计主管（A 球上方）液面降低后，缓缓扭动缓冲包两侧开关，使系统缓慢减压将 A 球上方液面抽至水平。记录两温度计温度 $T_{观}$ 和 $T_{环}$、露茎高度 $h$、等压计读数 $p_{计}$。

8. 重复步骤 7，收集 5～7 组数据。

9. 做完实验，开缓冲包通大气阀门，关闭泵上三通阀。
10. 关真空泵。
11. 拆仪器。
12. 记录当前大气压 $p_{大气}$（用气压计）。

### 五、数据记录及结果处理

**1. 液体饱和蒸气压和汽化焓的测定数据处理**

① 根据当前大气压 $p_{大气}$ 和等压计读数 $p_{计}$，计算液体饱和蒸气压 $p = p_{大气} + p_{计}$（$p_{计}$ 为负值），并计算 $\ln(p/\text{Pa})$。

② 由 $T_{观}$、$T_{环}$、$h$，根据式(3-12)计算 $T_{真实}$，并计算 $\dfrac{1\,\text{K}}{T_{真实}}$。

③ $\ln(p/\text{Pa})$ 对 $\dfrac{1\,\text{K}}{T_{真实}}$ 作图，并进行线性拟合，得到拟合斜率 $k$ 和截距 $b$。

④ 由 $k$ 根据 $\Delta_{\text{vap}} H_{\text{m}} = -kR$ 计算水的平均摩尔汽化焓。

⑤ 根据拟合方程求解水的正常沸点。

**2. 液体饱和蒸气压和汽化焓的测定数据记录**

① 将实验数据填入表 3-6。

表 3-6 测定数据记录表

| 项目 | 1 | 2 | 3 | 4 | 5 | 6 | 7 |
|---|---|---|---|---|---|---|---|
| $T_{观}$/℃ | | | | | | | |
| $T_{环}$/℃ | | | | | | | |
| 露茎高度 $h$/cm | | | | | | | |
| $p_{计}$/kPa | | | | | | | |
| $p_{大气}$/kPa | | | | | | | |
| $p$/kPa | | | | | | | |
| $\ln(p/\text{Pa})$ | | | | | | | |
| $T_{真实}$/K | | | | | | | |
| $\dfrac{1\,\text{K}}{T_{真实}}$ | | | | | | | |

② 斜率 $k$：_____；截距 $b$：_____；$\Delta_{\text{vap}} H_{\text{m}}$：_____；水的正常沸点：_____。

### 六、实验注意事项

1. 仪器安装好后，尽量避免挪动，以免打破等压计。
2. 真空泵最先开，最后关，以免倒灌。
3. 所有的阀门与管路平行状态为开、垂直状态为关。

### 七、思考题

1. 如何判断等压计中样品球与 U 形管间空气已全部排出？如未排尽空气，对实验有何影响？
2. 测定蒸气压时为何要严格控制温度？
3. 升温时如液体急剧气化，应作何处理？
4. 每次测定前是否需要重新抽气？

**实验 5　偏摩尔体积的测定**

## 一、实验目的

1. 用比重瓶测定溶液的密度。
2. 理解偏摩尔量的物理意义。
3. 掌握溶液中各组分偏摩尔体积的计算方法。

## 二、实验原理

多组分体系中，某组分 $i$ 的偏摩尔体积定义为

$$V_{i,\mathrm{m}} = \left(\frac{\partial V}{\partial n_i}\right)_{T,p,n_j} \quad (j \neq i) \tag{3-13}$$

由水（A）和乙醇（B）组成的两组分溶液中，水的偏摩尔体积为

$$V_{\mathrm{A,m}} = \left(\frac{\partial V}{\partial n_{\mathrm{A}}}\right)_{T,p,n_{\mathrm{B}}} \tag{3-14}$$

乙醇的偏摩尔体积为

$$V_{\mathrm{B,m}} = \left(\frac{\partial V}{\partial n_{\mathrm{B}}}\right)_{T,p,n_{\mathrm{A}}} \tag{3-15}$$

溶液的总体积为

$$V = n_{\mathrm{A}} V_{\mathrm{A,m}} + n_{\mathrm{B}} V_{\mathrm{B,m}} \tag{3-16}$$

设溶液的比体积（即每克溶液的体积）为 $V_{比}$，可求得溶液的体积为

$$V = (m_{\mathrm{A}} + m_{\mathrm{B}}) V_{比} = (n_{\mathrm{A}} M_{\mathrm{A}} + n_{\mathrm{B}} M_{\mathrm{B}}) V_{比} \tag{3-17}$$

式中，$m_{\mathrm{A}}$、$m_{\mathrm{B}}$ 分别为组分 A、B 的质量；$M_{\mathrm{A}}$、$M_{\mathrm{B}}$ 分别为组分 A、B 的摩尔质量。将其代入偏摩尔体积的定义式，可得

$$V_{\mathrm{A,m}} = M_{\mathrm{A}} V_{比} + (m_{\mathrm{A}} + m_{\mathrm{B}}) \left(\frac{\partial V_{比}}{\partial w_{\mathrm{B}}}\right)_{T,p} \left(\frac{\partial w_{\mathrm{B}}}{\partial n_{\mathrm{B}}}\right)_{n_{\mathrm{B}}} \tag{3-18}$$

式中，$w_{\mathrm{B}}$ 为组分 B 的质量分数。

$$w_{\mathrm{B}} = \frac{m_{\mathrm{B}}}{m_{\mathrm{A}} + m_{\mathrm{B}}} = \frac{n_{\mathrm{B}} M_{\mathrm{B}}}{n_{\mathrm{A}} M_{\mathrm{A}} + n_{\mathrm{B}} M_{\mathrm{B}}} \tag{3-19}$$

则

$$V_{\mathrm{A,m}} = M_{\mathrm{A}} V_{比} + (m_{\mathrm{A}} + m_{\mathrm{B}}) \left(\frac{\partial V_{比}}{\partial w_{\mathrm{B}}}\right)_{T,p} \left[-\frac{n_{\mathrm{B}} M_{\mathrm{B}} M_{\mathrm{A}}}{(n_{\mathrm{A}} M_{\mathrm{A}} + n_{\mathrm{B}} M_{\mathrm{B}})^2}\right] = M_{\mathrm{A}} \left[V_{比} - \left(\frac{\partial V_{比}}{\partial w_{\mathrm{B}}}\right)_{T,p} w_{\mathrm{B}}\right] \tag{3-20}$$

同理

$$V_{\mathrm{B,m}} = M_{\mathrm{B}} \left[V_{比} - \left(\frac{\partial V_{比}}{\partial w_{\mathrm{A}}}\right)_{T,p} w_{\mathrm{A}}\right] \tag{3-21}$$

式中，$w_{\mathrm{A}}$ 为组分 A 的质量分数。

$$w_{\mathrm{A}} = \frac{m_{\mathrm{A}}}{m_{\mathrm{A}} + m_{\mathrm{B}}} = \frac{n_{\mathrm{A}} M_{\mathrm{A}}}{n_{\mathrm{A}} M_{\mathrm{A}} + n_{\mathrm{B}} M_{\mathrm{B}}} = 1 - w_{\mathrm{B}} \tag{3-22}$$

可由实验测得不同浓度溶液的比体积，绘制出 $V_{比}$-$w_B$ 曲线（图 3-8）。过曲线的 $O$ 点作曲线的切线，与两侧纵轴分别交于 $N$ 与 $P$，切线斜率为 $\left(\dfrac{\partial V_{比}}{\partial w_B}\right)_{T,p}$，由图可得

$$\overline{NR} = \left(\dfrac{\partial V_{比}}{\partial w_B}\right)_{T,p} w_B \tag{3-23}$$

则

$$V_{A,m} = M_A(\overline{AR} - \overline{NR}) = M_A \overline{AN} \tag{3-24}$$

同理

$$\left(\dfrac{\partial V_{比}}{\partial w_A}\right)_{T,p} w_A = -\left(\dfrac{\partial V_{比}}{\partial w_B}\right)_{T,p}(1-w_B) = -\overline{QP} \tag{3-25}$$

$$V_{B,m} = M_B(\overline{BQ} + \overline{QP}) = M_B \overline{BP} \tag{3-26}$$

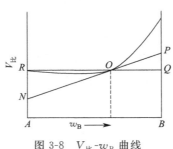

图 3-8 $V_{比}$-$w_B$ 曲线

### 三、实验仪器与药品

仪器：分析天平；恒温水浴；10 mL 比重瓶；100 mL 磨口锥形瓶；10 mL 量筒；等等。
药品：蒸馏水；无水乙醇（AR）。

### 四、实验步骤

**1. 测定比重瓶体积**

洗净烘干比重瓶，用分析天平精确称量比重瓶质量。将比重瓶装满蒸馏水，塞紧瓶塞。然后在 30 ℃ 的恒温水浴内恒温 10 min，使比重瓶内液体由瓶塞的毛细孔逸出。用滤纸吸去塞子上毛细管口溢出的液体。恒温后，将比重瓶取出并擦干外表面的水滴，然后精确称重，即测得 30 ℃ 时比重瓶装有的蒸馏水的质量 $m_{H_2O}$。

**2. 不同浓度乙醇水溶液比体积的测定**

准确称量一定量的蒸馏水和乙醇，配制乙醇的质量分数分别为 15%、25%、50%、75%、100% 的溶液 20.00 g，配好后塞紧锥形瓶瓶塞，以免挥发。

将比重瓶的蒸馏水倒出，用乙醇水溶液润洗 2 次，然后装入溶液，测定比重瓶在 30 ℃ 时的质量 $m_{溶液}$。

### 五、数据记录及结果处理

**1. 摩尔体积测定实验数据处理**

（1）求比重瓶体积 $V_{比重瓶}$

30 ℃时纯水的密度为 995.65 kg·m$^{-3}$，已知水的质量 $m_{H_2O}$，比重瓶的体积为

$$V_{比重瓶} = \frac{m_{H_2O}}{995.65 \text{ kg·m}^{-3}} \tag{3-27}$$

（2）计算溶液的比体积和偏摩尔体积

由各浓度溶液的质量计算各浓度溶液的比体积。

$$V_{比} = \frac{V_{比重瓶}}{m_{溶液}} \tag{3-28}$$

绘制出 $V_{比}$-$w_B$ 曲线，用截距法求出不同浓度溶液的偏摩尔体积。

（3）由偏摩尔体积计算比重瓶体积

由不同浓度溶液的偏摩尔体积计算溶液的总体积 $V = n_A V_{A,m} + n_B V_{B,m}$。

（4）计算溶液体系的体积改变 $\Delta V$

A、B 单独存在时的体积之和为

$$V' = n_A V_{m,A}^* + n_B V_{m,B}^* = \left(\frac{w_A}{\rho_A} + \frac{w_B}{\rho_B}\right) m_{溶液} \tag{3-29}$$

式中，$\rho_A$、$\rho_B$ 分别为 A、B 组分的密度。

**2. 摩尔体积测定实验数据记录**

① 将实验数据填入表 3-7。

表 3-7 实验数据记录表

| 项目 | 0 | 15% | 25% | 50% | 75% | 100% |
|---|---|---|---|---|---|---|
| $m_{H_2O}$ 或 $m_{溶液}$/g | | | | | | |
| $V_{比重瓶}$/mL | | — | — | — | — | — |
| $V_{比}$/(mL·g$^{-1}$) | — | | | | | |
| $V_{m,A}$/(mL·mol$^{-1}$) | | | | | | |
| $V_{m,B}$/(mL·mol$^{-1}$) | | | | | | |
| $V$/mL | | | | | | |
| $V'$/mL | | | | | | |
| $\Delta V$/mL | | | | | | |

② 分析 $\Delta V$ 随 $w_B$ 的变化情况，探讨物质在溶液中和单独存在时的体积差异。

### 六、实验注意事项

1. 比重瓶装满液体时，注意瓶内不能有气泡。
2. 比重瓶放在恒温水浴时，水浴锅内水面不要超过比重瓶的磨口处。
3. 润洗比重瓶时，毛细管也要润洗。

### 七、思考题

1. 实验中采用比体积法测定偏摩尔体积，实验结果有几位有效数字？
2. 实验产生误差的原因有哪些？重复性如何？
3. 如何改进比重瓶的构造来提高实验的准确度？

## 实验 6　凝固点降低法测定物质的摩尔质量

### 一、实验目的

1. 深入理解稀溶液的依数性质，以及凝固点降低法测定物质摩尔质量的基本原理。
2. 掌握溶液凝固点的测量技术。
3. 测定物质的摩尔质量。

### 二、实验原理

纯溶剂的凝固点为纯溶剂的固相和液相平衡时的温度，而溶液的凝固点为该溶液液相与纯溶剂的固相（溶剂和溶质固相不互溶时）共存平衡时的温度。同种溶液的凝固点比纯溶剂的凝固点低，溶质的加入使溶液的凝固点低于纯溶剂的凝固点，这种现象是稀溶液依数性的一种表现。溶质在溶液中占据溶剂分子的位置，使溶剂分子不能很好地形成晶格结构，导致溶液的蒸气压下降。蒸气压的下降使溶液凝固点降低。溶液的依数性可以用拉乌尔定律（Raoult's law）来定性描述，其中 $p$ 为溶液的蒸气压，$p^*$ 为纯溶剂的蒸气压，$n_x$ 为溶剂的摩尔分数。当往纯溶剂中加入溶质后，溶剂的摩尔分数由 1 降低到 $n_x$，由于 $n_x$ 小于 1，所以溶液的蒸气压 $p$ 较纯溶剂的蒸气压 $p^*$ 低。

$$p = p^* n_x \tag{3-30}$$

凝固点降低的大小与溶质的质量摩尔浓度呈线性关系，这种关系可以用凝固点降低公式来定量描述。对于理想稀溶液，凝固点降低公式为 $\Delta T_f = K_f \times b_B$，其中 $\Delta T_f$ 是凝固点降低值，$K_f$ 是凝固点降低常数，$b_B$ 是溶质的质量摩尔浓度。若已知 $K_f$，并测得 $\Delta T_f$，以及溶剂和溶质的质量，则溶质的摩尔质量可用下式计算：

$$M = K_f \times \frac{m_B}{\Delta T_f m_A} \tag{3-31}$$

式中，$M$ 为溶质的摩尔质量；$m_B$ 为溶质的质量；$m_A$ 为溶剂的质量。

在实际应用中，凝固点降低具有重要的意义。例如，在冬季可以使用凝固点降低原理来制作防冻液，防止汽车水箱和家用暖气系统中的水结冰；在化学研究中，可以利用凝固点降低法来测量物质的摩尔质量；在生物实验中，蛋白质等大分子的溶解度受温度影响显著，通过测定其在不同温度下的凝固点可以推断其结构和性质。

凝固点降低是由溶质加入导致溶液蒸气压下降而引起的现象，其大小与溶质的质量摩尔浓度呈线性关系。在实际应用中，凝固点降低具有重要的意义，可以通过控制温度来调节物质的溶解度、测量物质的摩尔质量等。

纯溶剂的凝固点容易判断，它是指溶剂固、液共存平衡时的温度，是固定不变的数值，如图 3-9(a) 中的 $T_f'$。而溶液的凝固点较为复杂。溶液的凝固点：一定压力下，给溶液降温，当溶液中开始出现第一个小冰碴时的温度，就称为溶液的凝固点。精确测量溶液凝固点的值难度较大，这是因为溶液的凝固点会受到溶质的影响，溶质的种类、浓度等因素都会对溶液的凝固点产生影响。同时，在溶液凝固的过程中，溶质和溶剂之间的相互作用也会影响凝固点的值。对于稀溶液，溶液凝固点时析出溶剂分子也是最常见的。溶剂的不断析出，导致剩余溶液中溶剂量减少，溶液浓度不断增加，因此，随着固体溶剂的析出，溶液的凝固点不会一直维持在一个温度，而会不断下降，如图 3-9(b)。过冷现象是指在一定压力下，当液体温度已低于凝固点而不凝固的现象。具体来说，当液体很纯净时，或者当冷却速度很快时，或者当溶液中较干净，没有杂质晶核时，都可能发生过冷现象。实际结晶温度与理论结晶温度的差值被称为过冷度。过冷度的大小影响凝固过程中的组织形貌和结晶类型。实验操作中必须注意掌握体系的过冷程度，因为过冷太甚可能导致温度不能回升到凝固点，从而影响实验结果。此外，对于溶液而言，过冷太甚还可能导致溶剂大量析出，使溶液浓度发生变化，从而引起测量误差。

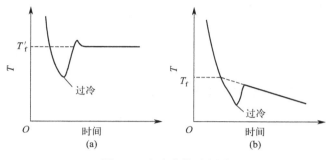

图 3-9  步冷曲线示意图

### 三、实验仪器与药品

仪器：热力学综合测定仪；50 mL 移液管；电子天平；烧杯；等等。

药品：环己烷（AR）；冰；萘（AR）。

### 四、实验步骤

1. 样品管洗净、干燥（可以用吸水纸擦干）。

2. 准备冰水浴：从仪器上方往大烧杯里倒入水；将冰尽量敲碎，然后将碎冰从仪器上方放入，配出冰水浴作为寒剂（温度约为 0 ℃），冰水浴体积大概为大烧杯体积的 2/3，可以埋住样品管。

3. 将热力学综合测定仪设置为"凝固点测定"。

4. 热力学综合测定仪上有用于测定凝固点的两个温度计探头，上方的温度计探头插入冰水浴，用于测量冰水浴温度；下方的温度计探头插入样品管，用于测量温差。

5. 用移液管精确移取通风橱内的环己烷 25 mL，快速移入样品管（注意，搅拌棒应先擦干水，避免水被带入环己烷中）。搅拌，等待环己烷凝固（环己烷凝固点为 6.5 ℃）。最初阶段，热力学综合测定仪上温度显示的数值将快速降低，当温度只有最后一位变化时，环己烷接近凝固，可以将样本管拿出以查看环己烷是否凝固。若已凝固，放回去等 30 s，待温度稳定后按"温差置零" 3 s 以上，将数值置为 0。

6. 精确称量研钵中研碎的萘 0.1～0.15 g，记录萘的质量 $m$。

7. 在电脑桌面上，打开"凝固点实验"软件，设纵坐标为 2 ℃，开始实验。

8. 将称好的萘快速倒入样品管，倒完后轻弹一下称量纸，用力振摇 10 s 后将样品管放回。

9. 当软件记录的温度出现平台后，停止实验，打印数据。

10. 记录室温，用于计算环己烷密度。

### 五、数据记录及结果处理

#### 1. 凝固点降低法测定物质的摩尔质量数据处理

① 根据所记录的室温,按照 $\rho_T/(g \cdot cm^{-3}) = 0.7971 - 0.8879 \times 10^{-3} T/℃$,计算环己烷的密度;用环己烷密度×环己烷体积(25 mL)得到环己烷质量 $m_A$(单位:g)。

② 在实验数据图上画出温度平台对应的温度,得到 $\Delta T_f$。

③ 根据环己烷的凝固点降低常数 $K_f = 20.0\ ℃ \cdot kg \cdot mol^{-1}$,用式(3-31)计算萘的摩尔质量。

④ 计算萘的摩尔质量与萘的理论摩尔质量的比值,判断萘在环己烷中的存在形式(几个分子的缔合物)。

#### 2. 凝固点降低法测定物质的摩尔质量数据记录(表 3-8)

表 3-8 数据记录表

| 室温/℃ | | 萘的质量/g | |
|---|---|---|---|
| 环己烷质量/g | | $\Delta T_f$/g | |
| 萘的摩尔质量/(g·mol$^{-1}$) | | 萘的摩尔质量/萘的理论摩尔质量 | |

### 六、实验注意事项

1. 测温探头使用前要擦干,不使用时要妥善保护,以免将水带入试剂中。
2. 实验所用的内套管外壁必须洁净、干燥,然后插入已经冷却的外套管。
3. 粉末状样品在使用时要防止粘在冷冻管壁上。
4. 加入萘之前,取出样品管,用手捂热,使管内固体完全融化。

### 七、思考题

1. 为什么凝固点降低法可以用来测定摩尔质量?
2. 什么是凝固点?为什么会有凝固点?
3. 什么是摩尔质量?它与物质的质量和物质的量有何关系?

## 实验 7 二组分体系气-液相图的绘制

### 一、实验目的

1. 掌握二组分体系气-液相图的绘制方法。
2. 了解气-液平衡的原理和相平衡条件。
3. 学习使用相图测定仪进行实验操作。

### 二、实验原理

相平衡条件：二组分体系在一定的温度和压力下会达到气-液相平衡，此时气相和液相的组成会保持恒定。根据相平衡条件，可以通过实验数据计算出不同组成下的沸点、蒸气压等性质，进而绘制出相图。

二组分体系气-液相图见图 3-10，图中上方为气相线，下方为液相线。气相线和液相线相交于一点，说明在该浓度下，二组分体系沸腾时，气相和液相组成相同，且沸点最低。该点称为最低恒沸点，对应的浓度称为最低恒沸组成。本实验所考察的环己烷-乙醇体系就是这样的一个二元体系。

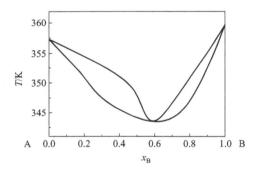

图 3-10 二组分体系气-液相图

在一定的压力下，液体的沸点是一个确定值。但是，对于双液系，沸点不仅与压力有关，还与气相和液相的组成有关。本实验采用沸点仪来获得二元体系沸腾时的气相和液相样品（见图 3-11），其通过冷凝蒸气来获得气相样品。沸点仪是一只带回流冷凝管的长颈圆底烧瓶。冷凝管底部有一个凹槽，用以收集冷凝下来的气相样品。样品通过直流电源加热棒加热，这样不仅可以减少溶液沸腾时的过热现象，还能防止液体暴沸。通常，测定一系列不同浓度下溶液的沸点及气、液两相的组成，就可以出绘制气-液相图。外界压力不同时，双液系气-液相图将略有差异。

本实验选用的环己烷和乙醇的折射率相差颇大，而折射率测定又只需要少量样品，所以，可用折射率-组成工作曲线来测得平衡体系中两相的组成。

### 三、实验仪器与药品

仪器：二组分体系气-液相图实验装置；移液管；阿贝折射仪；等等。
药品：环己烷（AR）；乙醇（AR）。

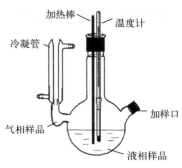

图 3-11 沸点仪结构图

## 四、实验步骤

1. 配制环己烷摩尔分数 $x_B$ 分别为 0、0.15、0.3、0.5、0.65、0.8、1.0 的乙醇-环己烷待测液。

2. 工作曲线的绘制：测量系列浓度的乙醇-环己烷待测液的折射率，用 $x_B$ 对折射率作图得到工作曲线。

3. 安装沸点仪：将沸点仪安装到实验装置中，确保其密封良好，加热棒与直流稳压电源连接，电源电压在 10 V 左右。

4. 从加样口侧管加入待测样本，高度不超过支管。两只手配合把玻璃塞紧，不要漏气。

5. 接通冷凝水，打开稳压电源，使加热棒将液体加热至缓慢沸腾。最初在冷凝管底部凹槽内的液体不能代表平衡气相的组分，为加速达到平衡，可以等凹槽处液体收集较多时，倾斜装置（按住支管玻璃塞，捏住夹子，倾斜设备）使冷凝液体流回至圆底烧瓶，重复 3 次，待温度计的读数稳定后应再维持 3~5 min，以使体系达到平衡。记下温度计的读数，即为该混合液的沸点 $T_{观}$。同时读出环境的温度 $T_{环}$，记录露茎高度 $h$。

6. 切断电源，停止加热，用长滴管从凹槽中取出气相冷凝液，吸一滴丢掉，再吸一滴丢掉，第三滴保留，同时用另一支短胶头滴管，从加样口侧管处吸取容器中的溶液，吸一滴丢掉，再吸一滴丢掉，第三滴保留。测定各自的折射率并记录。将沸点仪的剩余溶液倒入原试剂瓶。

7. 更换样本，重复步骤 4~6。

8. 记录当前大气压。

## 五、数据记录及结果处理

### 1. 二组分体系气-液相图的绘制数据处理

① 绘制乙醇-环己烷待测溶液的折射率-组成工作曲线。

② 校正温度：根据测定的 $T_{观}$、$T_{环}$ 和 $h$ 进行露茎校正，计算出真实沸点 $T_{真实}$。

③ 根据折射率-组成工作曲线，由气相、液相折射率确定气相、液相组成。

④ 以液相、气相组成对 $T_{真实}$ 作散点图，用光滑的曲线分别连接气相点和液相点，绘制二组分气-液相图。

⑤ 根据绘制的相图确定最低恒沸点和恒沸物组成。

⑥ 设计苯-乙醇双液体系相图绘制方案，单独写出或打印夹在实验报告内。

## 2. 气-液二组分体系相图的绘制数据记录（表3-9）

表 3-9　数据记录表

| 项目 | 0 | 0.15 | 0.3 | 0.5 | 0.65 | 0.8 | 1.0 |
|---|---|---|---|---|---|---|---|
| 折射率 | | | | | | | |
| $T_{观}$/℃ | | | | | | | |
| $T_{环}$/℃ | | | | | | | |
| $h$/cm | | | | | | | |
| $T_{真实}$/℃ | | | | | | | |
| 气相组成 | | | | | | | |
| 液相组成 | | | | | | | |
| 最低恒沸点 | | | | | | | |

## 六、实验注意事项

1. 在实验过程中，温度传感器（或温度计）不要直接碰到加热棒，以防止损坏传感器或影响测量结果。

2. 电热棒应完全浸入溶液中，否则通电加热时可能会引起有机液体燃烧。

3. 检查进出水口的接管是否接好；控制水的流速，使气相全部冷凝。

4. 测定折射率时，动作应迅速，以避免样品中易挥发组分损失，确保数据准确。

## 七、思考题

1. 折射率与溶液组成之间有何关系？如何利用折射率确定溶液组成？
2. 温度对折射率有何影响？是否需要在不同温度下重新绘制工作曲线？
3. 在双液系的气-液相图实验中，如何保证气相和液相的平衡？
4. 如何理解双液系的气-液相图？它反映了什么物理化学性质？
5. 实验结果受到哪些因素的影响？如何减小误差？

## 实验 8　二组分金属相图的绘制

### 一、实验目的

1. 了解固-液相图的基本特点。
2. 掌握热分析法的测量技术。
3. 用热分析法测绘 Sn-Bi 二组分金属相图，进一步学习和巩固相律等有关知识。
4. 掌握步冷曲线法测绘二组分金属的固-液平衡相图的原理和方法。
5. 了解固-液平衡相图的特点，为进一步学习和巩固相律等有关知识提供实践基础。

### 二、实验原理

热分析法的原理：将一种金属或两种金属混合物熔融，即达到液态后，使其均匀冷却，记录温度随时间变化情况，并绘制出表示温度与时间关系的曲线（步冷曲线）。当熔融体系在均匀冷却过程中不发生相变时，温度将连续均匀下降，得到一条平滑的步冷曲线；当体系内发生相变时，由于体系产生的相变热与自然冷却时体系放出的热量相抵消，步冷曲线将会出现转折或水平线段，转折点或水平线段对应的温度，就是该组成体系的相变温度。

利用步冷曲线可以获得一系列组成和所对应的相变温度数据，以横坐标表示混合物的组成，纵坐标为温度，在图中标出相变点就可绘出相图（见图 3-12）。

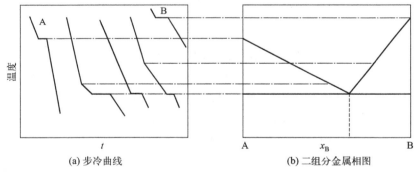

(a) 步冷曲线　　(b) 二组分金属相图

图 3-12　根据步冷曲线绘制相图

用热分析法绘制相图时，待测体系应处于或接近相平衡状态，冷却速度必须足够慢才能确保得到较好的效果。然而，在冷却过程中出现一个新的固相之前，通常发生过冷现象，轻微的过冷有利于测量相变温度，但严重过冷会使转折点发生起伏，给相变温度的确定带来困难。见图 3-13，遇到严重过冷情况，可延长 $dc$ 线与 $ab$ 线相交于点 $e$，此点即为相变温度。

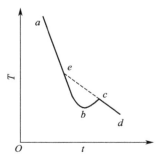

图 3-13　严重过冷现象时的步冷曲线

### 三、实验仪器与药品

仪器：金属相图测量装置；加热装置；电脑；等等。
药品：铅、锡样品管。

### 四、实验步骤

1. 打开金属相图测量装置开关。
2. 点击面板上"温度切换"按钮显示 1～4 温度。
3. 点击面板上"设置"按钮,进行相应设置。a 代表升温最高温度(400 ℃);b 代表升温速率(50 ℃);c 代表降温速率(30 ℃)。
4. 点击面板上"加热"按钮,加热装置红灯闪烁。
5. 将 1～4 号样品管放在对应位置,在加热装置的面板上加热选择 1(1 代表加热位置 1～4;2 代表加热位置 5～8;3 代表加热位置 9、10)。
6. 开启电脑,打开金属相图绘制软件,打开串口,点击"开始实验",开始记录数据(不需要设置参数)。
7. 加热结束,加热装置灯灭,打开风扇。
8. 软件显示四条步冷曲线,红色代表 1 号,绿色代表 2 号,蓝色代表 3 号,紫色代表 4 号。
9. 步冷曲线出现平台后温度降低,实验停止。存储步冷曲线图。
10. 将温度探头从原样品管拿出,插入 5、6 号管,放入位置 1、2,重复 4～8 步。
11. 打印 6 个样品管的步冷曲线及对应的 6 个平台和拐点温度。

### 五、数据记录及结果处理

**1. 二组分金属相图的绘制数据处理**

① 从步冷曲线上读出 6 个样品对应的平台或拐点温度。
② 以物质组成为横坐标,温度为纵坐标,绘出 Pb-Sn 金属相图。
③ 根据绘制出的相图写出各相图区间及线上的相数、自由度。

**2. 二组分金属相图的绘制数据记录(表 3-10)**

表 3-10 数据记录表

| 项目 | 1 | 2 | 3 | 4 | 5 | 6 |
| --- | --- | --- | --- | --- | --- | --- |
| Pb 含量 | 100% | 80% | 60% | 40% | 20% | 0 |
| Sn 含量 | 0 | 20% | 40% | 60% | 80% | 100% |
| 平台温度/℃ |  |  |  |  |  |  |
| 转折点温度/℃ | — |  |  |  |  | — |

### 六、思考题

1. 步冷曲线各段斜率以及水平段的长短与哪些因素有关?
2. 根据实验结果讨论各步冷曲线的降温速率控制是否得当。
3. 试从实验方法比较测绘气-液相图和固-液相图的异同点。

## 实验 9  甲基红解离常数的测定

### 一、实验目的

1. 掌握甲基红解离常数的测定方法。
2. 掌握分光光度计的使用。
3. 掌握 pH 计的使用方法。

### 二、实验原理

甲基红（对二甲氨基偶氮苯邻羧酸）是一种弱酸性的染料指示剂，具有酸性和碱性两种形式，在溶液中部分电离。甲基红在碱性溶液中呈现黄色（$MR^-$），在酸性溶液中呈现红色（HMR）。

$$HMR \rightleftharpoons H^+ + MR^-$$

甲基红解离常数为

$$K = \frac{[H^+][MR^-]}{[HMR]} \tag{3-32}$$

$$pK = pH - \lg\frac{[MR^-]}{[HMR]} \tag{3-33}$$

溶液离子强度变化对甲基红的酸解离常数没有显著的影响。pH 值可以由 pH 计测定。HMR 和 $MR^-$ 在可见光区都具有较强的吸收峰，而且简单的醋酸-醋酸钠缓冲溶液体系就可以使溶液颜色发生变化，因此 $[MR^-]/[HMR]$ 可以用可见分光光度法测定。

甲基红溶液的吸光度为

$$A_A = \varepsilon_{A,HMR}[HMR]l + \varepsilon_{A,MR^-}[MR^-]l \tag{3-34}$$

$$A_B = \varepsilon_{B,HMR}[HMR]l + \varepsilon_{B,MR^-}[MR^-]l \tag{3-35}$$

式中，$A_A$、$A_B$ 分别为 HMR 和 $MR^-$ 在最大吸收波长处测得的吸光度；$\varepsilon_{A,HMR}$、$\varepsilon_{A,MR^-}$、$\varepsilon_{B,HMR}$、$\varepsilon_{B,MR^-}$ 分别为通过作图法求得的在波长 $\lambda_A$、$\lambda_B$ 的摩尔吸光系数；$l$ 为比色皿光径长度，cm。由 $A_A$、$A_B$ 可求得溶液的 $[MR^-]$ 和 $[HMR]$ 的比值。

根据朗伯-比尔定律 $A = -\lg\frac{I}{I_0} = \varepsilon c l$（$c$ 的单位为 $mol \cdot L^{-1}$），各物质的摩尔吸光系数可由作图法求得。配制一系列不同浓度的甲基红酸性溶液，在波长 $\lambda_A$ 处测定各溶液的吸光度。以吸光度对浓度作图，得到一条通过原点的直线，直线斜率为 $\varepsilon l$，进而求得 $\varepsilon_{A,HMR}$。其他摩尔吸光系数求法类同。

### 三、实验仪器与药品

仪器：分光光度计；pH 计；50 mL 容量瓶；10 mL 移液管；温度计；等等。

药品：pH=6.84 的标准缓冲溶液；0.04 mol·$L^{-1}$ 醋酸钠溶液；0.01 mol·$L^{-1}$ 醋酸钠溶液；0.02 mol·$L^{-1}$ 醋酸溶液；0.1 mol·$L^{-1}$ 盐酸；0.01 mol·$L^{-1}$ 盐酸；甲基红贮备液（0.25 g 甲基红溶于 150 mL 95% 乙醇，用蒸馏水定容至 250 mL）；标准甲基红溶液

(4 mL 甲基红贮备液加 25 mL 95%乙醇，用蒸馏水定容至 50 mL)。

## 四、实验步骤

### 1. 测定 HMR 和 MR$^-$ 的最大吸收波长

配制 HMR 溶液 A：取 5 mL 标准甲基红溶液，加 5 mL 0.1 mol·L$^{-1}$ 盐酸，用水定容至 50 mL。

配制 MR$^-$ 溶液 B：取 5 mL 标准甲基红溶液，加 12.5 mL 0.04 mol·L$^{-1}$ 醋酸钠溶液，用水定容至 50 mL。

用 1 cm 比色皿，在 350~600 nm 之间每隔 10 nm 分别测定 A、B 溶液相对于水的吸光度，找出最大吸收波长 $\lambda_A$、$\lambda_B$。

### 2. 测定 HMR 和 MR$^-$ 的摩尔吸光系数

分别取 8 mL、6 mL、4 mL A 溶液，用 0.01 mol·L$^{-1}$ 盐酸稀释至 10 mL，配制成浓度为原浓度 4/5、3/5、2/5 的待测液。分别取 8 mL、6 mL、4 mL B 溶液，用 0.01 mol·L$^{-1}$ 醋酸钠溶液稀释至 10 mL，配制成浓度为原浓度 4/5、3/5、2/5 的待测液。在波长 $\lambda_A$、$\lambda_B$ 下测定各待测液和原溶液相对于水的吸光度。以吸光度对浓度作图，计算 $\lambda_A$、$\lambda_B$ 下 HMR 和 MR$^-$ 的 $\varepsilon_{A,HMR}$、$\varepsilon_{A,MR^-}$、$\varepsilon_{B,HMR}$、$\varepsilon_{B,MR^-}$。

### 3. 求 [HMR] 和 [MR$^-$] 的比值

在 4 个 50 mL 容量瓶中分别加入 5 mL 标准甲基红溶液和 12.5 mL 0.04 mol·L$^{-1}$ 醋酸钠溶液，然后分别加入 2.5 mL、5 mL、10 mL、20 mL 0.02 mol·L$^{-1}$ 醋酸溶液，用蒸馏水定容至 50 mL，制成一系列待测液。在 $\lambda_A$、$\lambda_B$ 下测定各溶液的吸光度 $A_A$、$A_B$，求解出 [MR$^-$] 和 [HMR] 的比值。用 pH 计测得各溶液的 pH 值，进而求得 p$K$。

## 五、数据记录及结果处理

### 1. 测定 HMR 和 MR$^-$ 的最大吸收波长的实验数据

① 将 HMR 溶液相对于水的吸光度数据填入表 3-11。

表 3-11 HMR 溶液相对于水的吸光度数据表

室温：_____

| 波长/nm | 吸光度 | 波长/nm | 吸光度 | 波长/nm | 吸光度 | 波长/nm | 吸光度 |
|---|---|---|---|---|---|---|---|
| 350 | | 420 | | 490 | | 560 | |
| 360 | | 430 | | 500 | | 570 | |
| 370 | | 440 | | 510 | | 580 | |
| 380 | | 450 | | 520 | | 590 | |
| 390 | | 460 | | 530 | | 600 | |
| 400 | | 470 | | 540 | | | |
| 410 | | 480 | | 550 | | | |

② 将 MR$^-$ 溶液相对于水的吸光度数据填入表 3-12。

表 3-12　$MR^-$ 溶液相对于水的吸光度数据表

| 波长/nm | 吸光度 | 波长/nm | 吸光度 | 波长/nm | 吸光度 | 波长/nm | 吸光度 |
|---|---|---|---|---|---|---|---|
| 350 | | 420 | | 490 | | 560 | |
| 360 | | 430 | | 500 | | 570 | |
| 370 | | 440 | | 510 | | 580 | |
| 380 | | 450 | | 520 | | 590 | |
| 390 | | 460 | | 530 | | 600 | |
| 400 | | 470 | | 540 | | | |
| 410 | | 480 | | 550 | | | |

③ HMR 溶液最大吸收波长 $\lambda_A$：_____ nm；$MR^-$ 溶液最大吸收波长 $\lambda_B$：_____ nm。

2. HMR 和 $MR^-$ 摩尔吸光系数的实验数据

① 将原溶液及浓度为原溶液浓度 4/5、3/5、2/5 的待测液的浓度和测定的吸光度值填入表 3-13。

表 3-13　摩尔吸光系数的实验数据表

| A 溶液浓度 | $A_A$ | $A_B$ | B 溶液浓度 | $A_A$ | $A_B$ |
|---|---|---|---|---|---|
| | | | | | |
| | | | | | |
| | | | | | |
| | | | | | |

② $\varepsilon_{A,HMR}=$ _____ ；$\varepsilon_{A,MR^-}=$ _____ ；$\varepsilon_{B,HMR}=$ _____ ；$\varepsilon_{B,MR^-}=$ _____ 。

3. 解离常数的实验数据（表 3-14）

表 3-14　解离常数实验数据表

| 溶液序号 | $A_A$ | $A_B$ | $\dfrac{[MR^-]}{[HMR]}$ | $\lg\dfrac{[MR^-]}{[HMR]}$ | pH | p$K$ |
|---|---|---|---|---|---|---|
| 1 | | | | | | |
| 2 | | | | | | |
| 3 | | | | | | |
| 4 | | | | | | |

## 六、实验注意事项

1. 比色皿在测待测溶液前需要润洗。
2. 温度对实验结果有影响，注意记录实验室温。

## 七、思考题

1. 实验中温度对测定结果有什么影响？采取哪些措施可以减小温度对甲基红解离常数测定的实验误差？
2. 甲基红碱式和酸式吸收曲线的交点称为"等色点"，试讨论等色点的吸光度和甲基红浓度的关系。
3. 为什么使用相对浓度计算解离常数？
4. 怎样选用比色皿来测定吸光度？

## 实验 10  核磁共振法测定质子化反应的平衡常数

### 一、实验目的

1. 了解核磁共振测定的基本原理。
2. 掌握识别一般核磁共振图谱的方法。
3. 学会使用核磁共振仪。

### 二、实验原理

原子核和电子的自旋运动是量子化的,可用核的自旋量子数 $I$ 来描述。原子核不同,其自旋量子数的数值不同,例如:H 核的自旋量子数等于 $\frac{1}{2}$。质子在外加磁场下,分裂为两种不同的状态,相应的磁矩有两种取向(磁量子数 $m=\pm\frac{1}{2}$)。一个状态的磁矩平行于外加磁场方向,对应的 $m=\frac{1}{2}$;另一个状态的磁矩与外加磁场方向相反,对应的 $m=-\frac{1}{2}$(图 3-14)。磁矩与磁场相互作用产生两个不同的磁能级,其能量差($\Delta E$)与外加磁场强度 $H_0$ 成正比,公式如下:

$$\Delta E = \gamma \frac{h}{2\pi} H_0 \tag{3-36}$$

式中,$h$ 为普朗克常数,$h=6.626\times10^{-34}$ J·s;$\gamma$ 为质子的磁旋比。

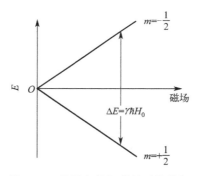

图 3-14  质子在外加磁场下的能级

若照射核的电磁波的能量 $h\nu$ 与两个核的能级差 $\Delta E$ 相等,低能级的氢核吸收电磁波后会跃迁到高能级,产生核磁共振(nuclear magnetic resonance,NMR)。

将装有待测样品的样品管放在场强度很大的电磁铁之间转动,用固定频率的电磁波照射样品。当磁场强度达到一定的值,恰好使照射电磁波的能量等于磁能级差,样品中某一类型的质子会产生能级跃迁,射频接收器可接收到核磁共振吸收信号,得到一定的质子共振波谱。

所有质子的 $\gamma$ 值都一致,但受到有机化合物中化学环境的影响(即对质子的屏蔽作用),共振所需的磁场强度发生变化,导致谱线位置出现偏离。由分子中化学环境不同而产生的同种原子核谱线位置移动的现象称为化学位移。

杂环碱 B 在水溶液中存在下列平衡：

$$BH^+ + H_2O \rightleftharpoons B + H_3O^+$$

质子的化学位移取决于分子的化学环境，不带电的分子和带电子的离子在电子密度和杂原子孤对电子的磁各向异性上存在显著的区别，所以在溶液中它们的质子化学位移是不同的。由于化学环境的变化比核磁共振的测量时间快，所以只能检测出 $BH^+$ 和 $H_3O^+$ 两种化学环境质子信号的平均值，可以用溶液中分子和离子的集居分数来衡量，溶液的化学位移可由下式描述：

$$v_{obs} = v_{BH^+} p_{BH^+} + v_B p_B \tag{3-37}$$

式中，$v_{obs}$ 为溶液的化学位移；$v_{BH^+}$、$v_B$ 分别为离子、分子的化学位移；$p_{BH^+}$、$p_B$ 分别为离子、分子的集居分数，$p_{BH^+} + p_B = 1$。

碱性溶液中基本不存在阳离子 $BH^+$，可用于测定 $v_B$；高酸度溶液中基本不存在分子 B，可用于测定 $v_{BH^+}$。对于显著包含阳离子 $BH^+$ 和分子 B 的溶液，其浓度之比可用三个不同 pH 值溶液的化学位移计算：

$$\frac{[BH^+]}{[B]} = \frac{v_{obs} - v_B}{v_{BH^+} - v_{obs}} \tag{3-38}$$

$\dfrac{[BH^+]}{[B]}$ 可以用来计算水溶液中杂环碱的质子化阳离子酸的解离常数，公式如下：

$$K_a = \frac{[H_3O^+][B]}{[BH^+]} \tag{3-39}$$

取对数可得

$$pK_a = pH + \lg\frac{[BH^+]}{[B]} \tag{3-40}$$

### 三、实验仪器与药品

仪器：NMR 仪；pH 计；NMR 样品管；滴管；10 mL 移液管；5 mL 移液管；等等。

药品：2 mol·L$^{-1}$ 盐酸；四甲基氯化铵（AR）；氢氧化钠（AR）；α-甲基吡啶（AR）。

### 四、实验步骤

1. 称取约 1.5 g α-甲基吡啶，用 2 mol·L$^{-1}$ 盐酸溶解并定容至 25 mL。
2. 配制四甲基氯化铵的饱和水溶液。
3. 取 1 mL 四甲基氯化铵溶液加入 10 mL α-甲基吡啶样品溶液。
4. 将上述溶液分成 3 份，1 份作为样品 1；1 份用氢氧化钠溶液调 pH≈6，作为样品 2；1 份用氢氧化钠溶液调 pH≈10，作为样品 3。用 pH 计精密测量 3 份溶液的 pH 值。
5. 测定上述 3 份溶液的 NMR 谱图。

### 五、数据记录及结果处理

在 NMR 谱图中，找出 3 份溶液中四甲基氯化铵的化学位移值，并填入表 3-15。

表 3-15 数据记录表

| 项目 | 样品 1 | 样品 2 | 样品 3 |
| --- | --- | --- | --- |
| 化学位移值 | | | |
| $\dfrac{[BH^+]}{[B]}$ | — | | — |
| $pK_a$ | — | | — |
| $pK_a$ 文献值 | — | 5.52 | — |
| $pK_a$ 相对偏差/% | — | | — |

## 六、思考题

1. 化学位移的数值是否随外加磁场的强度而改变？说明理由。
2. 样品浓度不同是否对实验有影响？为什么？

## 3.2 电化学部分

### 实验 11 原电池电动势的测定和应用

**一、实验目的**

1. 了解可逆电池与不可逆电池、化学电池与浓差电池的区别，理解电池符号书写的一般规则。
2. 学会制作一些简单电极，并能将其组装为原电池。
3. 熟练掌握数字式电位差计测量原电池电动势的正确使用方法。

**二、实验原理**

原电池是将化学能转化为电能的电化学装置，在现代社会中有着日益广泛的应用。原电池可以分为化学电池和浓差电池。化学电池所涉及的净变化对应着一个化学变化过程，也就是有新物质生成的过程，锂离子电池、铅酸蓄电池和燃料电池就是常见而重要的化学电池。锂离子电池、铅酸蓄电池和燃料电池可以作为新能源汽车的动力电池，对于我国承诺实现"碳达峰"和"碳中和"的"双碳"目标具有重要意义。浓差电池所涉及的净变化则对应着一个物理变化过程，也就是某物质的浓度变化过程，浓差电池在生物科学和环境检测方面有重要应用价值。在生物体内，质子浓度梯度所产生的质子动力势对维持生命体起着至关重要的作用。在环境检测方面，浓差电池可以应用于实时检测污水和土壤中的离子浓度。

电动势是衡量电池性能的一个主要参数。根据热力学基本定律，某化学或物理变化过程在恒温恒压和可逆条件下，所做的非体积功等于该过程的吉布斯自由能改变值。如果此过程的非体积功仅限于电功，即有：

$$\Delta G = -nFE \tag{3-41}$$

式中，$\Delta G$ 为相应过程的吉布斯自由能改变值，J；$n$ 为电极反应过程中转移的电子数，mol；$F$ 为法拉第常数，96500 C·mol$^{-1}$；$E$ 为可逆电池的电动势，V。尽管实际发生的电化学过程通常都是不可逆过程，但式(3-41)可以作为能量利用限度的一个重要依据，对联系电能和化学能具有重要意义。

可逆电池一般需要同时满足三个条件。

首先，可逆电池要求电池放电和充电所对应的反应是可逆反应，这就要求构成电池的电极为可逆电极。本实验的所有电极均为可逆电极。可逆电极要求构成电极的材料要同时包括某元素的氧化态和还原态。例如可逆锌电极不能只包含锌片（还原态），还要包含硫酸锌溶液（氧化态）。像锌电极这类由金属单质和相应游离态金属离子构成的可逆电极被称为第一类电极。若溶液里存在能与金属离子形成沉淀的阴离子，则大部分金属离子将不能以游离态的形式存在。例如将金属汞浸入饱和氯化钾溶液中，当金属汞被氧化为亚汞离子时，亚汞离子会立即与溶液里的氯离子形成难溶物氯化亚汞，即甘汞。像饱和甘汞电极这类由金属单质和相应难溶盐构成的可逆电极被称为第二类电极。

其次，可逆电池要求尽可能避免出现液接电势，实验中可以通过使用盐桥将液接电势降低到合理范围。液接电势出现要同时满足两个条件：①相互接触溶液的浓度不同；②承担电荷迁移的阴、阳离子迁移数不相等。盐桥就是利用高浓度电解质溶液中的阴、阳离子迁移数相近这一原理来降低液接电势的。例如常用高浓度氯化钾溶液作为盐桥介质，这是因为氯离子和钾离子的迁移数较为接近，而用高浓度溶液是为了掩盖其他离子对液接电势的贡献。

最后，可逆电池要求电池放电过程无限接近于平衡态和电流无限趋近于零，可逆电池要求电流无限趋近于零的一个重要原因：若电流不趋近于零则会在电路中产生焦耳热，就是电能转化为热能的过程，而电能转化为热能这一过程从能量的角度来说是一个不可逆的过程。通过对消法用电位差计测量电动势可以满足电流无限趋近于零的要求。关于对消法的具体原理可以查阅本书 2.4 节。

电池符号可以准确而简洁地表示原电池装置，例如 Zn-Cu 原电池可以表示为：

$$Zn|ZnSO_4(c_1)\|CuSO_4(c_2)|Cu$$

电池符号中用单竖线表示相界面，双竖线表示盐桥；$c_1$ 和 $c_2$ 表示溶液的物质的量浓度，$mol \cdot L^{-1}$。电池符号中左边表示负极材料而右边表示正极材料。上述电池相应的电极反应为：

$$正极：Cu^{2+}(c_2)+2e^- =\!=\!= Cu$$
$$负极：Zn =\!=\!= Zn^{2+}(c_1)+2e^-$$

总反应为：

$$Cu^{2+}(c_2)+Zn =\!=\!= Cu+Zn^{2+}(c_1)$$

能斯特方程可用于计算可逆电池电动势，对于上述 Zn-Cu 原电池有：

$$E=E^{\ominus}-\frac{RT}{2F}\ln\frac{a_{Zn^{2+}}}{a_{Cu^{2+}}} \tag{3-42}$$

式中，$E^{\ominus}$ 为电池的标准电动势，等于正、负极的标准电极电势之差；$a_{Zn^{2+}}$ 和 $a_{Cu^{2+}}$ 分别为 $Zn^{2+}$ 和 $Cu^{2+}$ 的活度，$a=\gamma_{\pm}\dfrac{c}{c^{\ominus}}$，$\gamma_{\pm}$ 为平均活度系数，$c$ 为物质的量浓度，$c^{\ominus}=1\ mol \cdot L^{-1}$。

电极电势也可以通过电极电势的能斯特方程进行计算。如 Zn-Cu 原电池的正、负极的电极电势可以分别写为：

$$\varphi_+ = \varphi_{Cu^{2+}/Cu} = \varphi^{\ominus}_{Cu^{2+}/Cu} - \frac{RT}{2F}\ln\frac{1}{a_{Cu^{2+}}} \tag{3-43}$$

$$\varphi_- = \varphi_{Zn^{2+}/Zn} = \varphi^{\ominus}_{Zn^{2+}/Zn} - \frac{RT}{2F}\ln\frac{1}{a_{Zn^{2+}}} \tag{3-44}$$

式中，$\varphi^{\ominus}_{Cu^{2+}/Cu}$ 和 $\varphi^{\ominus}_{Zn^{2+}/Zn}$ 分别为铜电极和锌电极的标准电极电势。

电池电动势也可以通过正、负极的电极电势进行计算：

$$E=\varphi_+ - \varphi_- \tag{3-45}$$

将式(3-43) 和式(3-44) 代入式(3-45)，整理后即可得式(3-42)。

当正、负极的电极材料相同而只是物质浓度不同时，构成浓差电池：

$$Cu|CuSO_4(c_1)\|CuSO_4(c_2)|Cu$$

该浓差电池总反应为：

$$Cu^{2+}(c_2)=\!=\!= Cu^{2+}(c_1)$$

其能斯特方程为：

$$E=\frac{RT}{2F}\ln\frac{a_{Cu^{2+}(c_2)}}{a_{Cu^{2+}(c_1)}} \tag{3-46}$$

式(3-46)表明浓差电池的电动势只与物质的浓度（活度）有关而与具体电极材料无关，且浓差电池的标准电动势为 0。

### 三、实验仪器与药品

仪器：数字式电位差计；铜电极；剪刀；细砂纸；饱和甘汞电极；小烧杯；镀铜装置；盐桥；等等。

药品：锌片；3 mol·L$^{-1}$ 稀硫酸；6 mol·L$^{-1}$ 稀硝酸；0.1000 mol·L$^{-1}$ ZnSO$_4$ 溶液；0.1000 mol·L$^{-1}$ CuSO$_4$ 溶液；0.0100 mol·L$^{-1}$ CuSO$_4$ 溶液；饱和 KCl 溶液；镀铜液。

### 四、实验步骤

**1. 电极的制备**

① 锌电极：剪取适当大小的锌片，用砂纸打磨去除表面氧化层，制成锌电极，将锌电极在稀硫酸溶液（约 3 mol·L$^{-1}$）中浸泡片刻，取出后用蒸馏水冲洗干净（手指不要触摸电极），插入 0.1000 mol·L$^{-1}$ 的 ZnSO$_4$ 溶液中备用。

② 铜电极：将铜电极在稀硝酸溶液（约 6 mol·L$^{-1}$）中浸泡片刻，取出洗净，将铜电极置于电镀烧杯中作为阴极，另取一个经清洁处理的铜棒作阳极，进行电镀，使铜电极表面有一层均匀的新鲜铜，洗净后放入 0.1000 mol·L$^{-1}$ 和 0.0100 mol·L$^{-1}$ 的 CuSO$_4$ 溶液中备用。

**2. 电池组合**

将电池的正、负电极和相应电解质溶液分别放置在两个小烧杯内，中间利用盐桥连接起来，组装下列电池：

① Zn|ZnSO$_4$(0.1000 mol·L$^{-1}$) ∥ CuSO$_4$(0.1000 mol·L$^{-1}$)|Cu；
② Zn|ZnSO$_4$(0.1000 mol·L$^{-1}$) ∥ CuSO$_4$(0.0100 mol·L$^{-1}$)|Cu；
③ Cu|CuSO$_4$(0.0100 mol·L$^{-1}$) ∥ CuSO$_4$(0.1000 mol·L$^{-1}$)|Cu；
④ Zn|ZnSO$_4$(0.1000 mol·L$^{-1}$) ∥ KCl(饱和)|Hg$_2$Cl$_2$|Hg；
⑤ Hg|Hg$_2$Cl$_2$|KCl(饱和) ∥ CuSO$_4$(0.1000 mol·L$^{-1}$)|Cu。

**3. 电动势的测定**

根据对消法原理，用电位差计（使用方法可以查阅 6.5 节）测量上述 5 个电池的电动势。

### 五、数据记录及结果处理

将上述的 5 个电池的反应和电动势测量值填入表 3-16。

表 3-16 实验数据表

室温：_____

| 电池序号 | 反应 | 测量值 | 理论值 | 相对误差 |
|---|---|---|---|---|
| ① | | | | |
| ② | | | | |
| ③ | | | | |
| ④ | | | | |
| ⑤ | | | | |

根据 $E=\varphi_+-\varphi_-$，并结合电极电势的能斯特方程，计算上述 5 个电池在实验温度下电动势的理论值。将计算的理论值与实验值进行比较，计算相对误差，填入表 3-16 中。

所需相关数据：

**1. 各电极的电极电势与温度的关系**

① 锌电极：$\varphi_T^{\ominus}/\text{V}=-0.7627+1.0\times10^{-4}\times(T/\text{K}-298)$。

② 铜电极：$\varphi_T^{\ominus}/\text{V}=0.3419-1.6\times10^{-5}\times(T/\text{K}-298)$。

③ 饱和甘汞电极：$\varphi_T^{\ominus}/\text{V}=0.2415-7.6\times10^{-4}\times(T/\text{K}-298)$。

**2. 各溶液的离子平均活度系数 $\gamma_\pm$**

① $ZnSO_4$ 溶液（0.1000 mol·L$^{-1}$）：$\gamma_\pm=0.15$。

② $CuSO_4$ 溶液（0.1000 mol·L$^{-1}$）：$\gamma_\pm=0.16$。

③ $CuSO_4$ 溶液（0.0100 mol·L$^{-1}$）：$\gamma_\pm=0.40$。

## 六、实验注意事项

1. 铜电极和锌电极需要现制现用，注意避免新鲜表面被空气氧化。

2. 使用饱和甘汞电极时，要防止溶液倒流入甘汞电极中。甘汞电极和盐桥中应保留少量 KCl 晶体，使溶液处于饱和状态。

3. 实验时需要注意避免将电池正、负极接反，否则将无法调至平衡。

## 七、思考题

1. 为什么不可以用伏安法直接测量可逆电池电动势？

2. 铜电极的制备为什么需要临时电镀一层新鲜铜？

3. 用于作为盐桥的物质需要满足哪些条件？

## 八、附注

盐桥一般可由实验室预先准备，也可按下述方法自行制备。

在 250 mL 烧杯中加入 3 g 琼脂和 97 mL 蒸馏水，盖上表面皿，使用水浴将琼脂加热至完全溶解。然后加入 30 g 氯化钾充分搅拌，氯化钾完全溶解后趁热用滴管将此溶液注入洁净的 U 形玻璃管中，静置待琼脂凝结后便可使用。

## 实验 12　电导法测定弱电解质的电离常数

### 一、实验目的

1. 理解电导、电导率、摩尔电导率和极限摩尔电导率等概念之间的联系和区别。
2. 熟悉弱电解质稀溶液的解离度、电导率和摩尔电导率随溶液浓度变化的一般趋势。
3. 掌握电导法测定弱电解质电离常数的原理和方法。

### 二、实验原理

第一类导体又被称为电子导体，利用可以自由移动的电子作为载流子。金属就是最为常见的第一类导体。第二类导体又被称为离子导体，利用可以自由移动的离子作为载流子。电解质溶液为第二类导体。第一类导体通常用电阻（$R$）来衡量导体的电导能力。在中学物理中，已经学过金属的电阻不但与金属的本性有关，还与金属材料的长度及其横截面积有关。电阻率是指单位长度和单位横截面积的材料所具有的电阻值，其数值与材料形状无关，可以用于比较不同金属的导电能力。

第二类导体通常用电导（$G$）来衡量导体的导电性。电导是电阻的倒数，其单位为 S（西门子）。电导率（$\kappa$）则是电阻率的倒数。电导率与电导、电导池两电极的面积（$A$）和距离（$l$）之间的关系为：

$$\kappa = G \frac{l}{A} \tag{3-47}$$

$\kappa$ 的单位为 $S \cdot m^{-1}$。尽管电导率的数值与电导池形状无关，但是电导率数值本身并不能直接用于衡量电解质的导电性。这是因为与金属本身能够导电不同，电解质需要溶于水或在熔融状态才能导电。对电解质水溶液而言，其电导率与溶液浓度直接相关。一般来说，不管是强电解质还是弱电解质溶液，只要浓度不是很高，其电导率就随着浓度的增大而增大。纯水作为一种弱电解质也会少部分解离而呈现一定电导性，溶液总的电导率等于溶质在水溶液中的电导率再加上水本身的电导率。

对于弱电解质（如醋酸，HAc）的稀溶液而言，水的电导率对溶液电导率的贡献不能忽略，需扣除：

$$\kappa(\text{HAc}) = \kappa(\text{溶液}) - \kappa(\text{H}_2\text{O}) \tag{3-48}$$

摩尔电导率（$\Lambda_m$）是把含有 1 mol 电解质的溶液置于相距 1 m 的两个平行电极之间时溶液所具有的电导。无论强电解质还是弱电解质，其溶液的摩尔电导率均随着浓度的增大而减小。摩尔电导率与电导率和溶液的物质的量浓度（$c$）之间的关系为：

$$\Lambda_m = \frac{\kappa}{c} \tag{3-49}$$

$\Lambda_m$ 的单位为 $S \cdot m^2 \cdot mol^{-1}$。

电解质溶液在无限稀释时的摩尔电导率称为极限摩尔电导率（$\Lambda_m^\infty$）。极限摩尔电导率不能直接进行测量，因为无限稀释溶液的电导率趋于无穷小，此时测得的电导率实际上是纯水的电导率。对于强电解质溶液，可以通过测量一系列稀溶液的摩尔电导率并结合外推法获得极限摩尔电导率，但外推法不适用于弱电解质溶液。但根据离子独立移动定律，弱电解质的极限摩尔电导率可以通过叠加其他强电解质溶液的极限摩尔电导率来获取。例如：HAc

的 $\varLambda_m^\infty$ 值可以这样计算：

$$\varLambda_m^\infty(HAc) = \varLambda_m^\infty(HCl) + \varLambda_m^\infty(NaAc) - \varLambda_m^\infty(NaCl) \tag{3-50}$$

此外，同样根据离子独立移动定律，HAc 的 $\varLambda_m^\infty$ 值也可以通过离子的极限摩尔电导率来计算：

$$\varLambda_m^\infty(HAc) = \varLambda_m^\infty(H^+) + \varLambda_m^\infty(Ac^-) \tag{3-51}$$

25 ℃时，HAc 的 $\varLambda_m^\infty$ 值为 $3.907 \times 10^{-2}$ S·m²·mol⁻¹。

当弱电解质溶液无限稀释时，弱电解质将会完全解离，因此弱电解质的解离度（$\alpha$）可以通过摩尔电导率和极限摩尔电导率之比进行计算：

$$\alpha = \frac{\varLambda_m^\infty}{\varLambda_m} \tag{3-52}$$

HAc 达到电离平衡时，各物种的平衡浓度可以表示为：

$$HAc \rightleftharpoons H^+ + Ac^-$$

起始浓度      $c$    0    0
平衡浓度     $c(1-\alpha)$   $c\alpha$   $c\alpha$

根据 HAc 的解离度和起始浓度可以推出 HAc 的电离常数（$K_c$）：

$$K_c = \frac{(c\alpha)^2}{c(1-\alpha)} = \frac{c\alpha^2}{1-\alpha} \times \frac{c\varLambda_m^2}{\varLambda_m^\infty(\varLambda_m^\infty - \varLambda_m)} \tag{3-53}$$

将式(3-52)代入式(3-53)可得：

$$K_c = \frac{c\varLambda_m^2}{\varLambda_m^\infty(\varLambda_m^\infty - \varLambda_m)} \tag{3-54}$$

上述公式也可变形为：

$$c\varLambda_m = K_c \varLambda_m^{\infty 2} \frac{1}{\varLambda_m} - K_c \varLambda_m^\infty \tag{3-55}$$

### 三、实验仪器与药品

仪器：恒温槽；25 mL 移液管；50 mL 容量瓶；电导率仪；等等。
药品：0.1000 mol·L⁻¹ HAc 溶液；蒸馏水。

### 四、实验步骤

**1. 实验预备**

① 开启恒温槽并调节温度为 25 ℃。
② 开启电导率仪，预热（电导率仪正确使用方法可以查阅 6.8 节）。

**2. HAc 溶液配制与恒温**

① 用移液管移取 25 mL 0.1000 mol·L⁻¹ HAc 溶液至容量瓶，并用蒸馏水定容至 50 mL，配制浓度为 0.0500 mol·L⁻¹ 的 HAc 溶液。
② 重复上述操作 3 次，依次配制浓度为 0.0250 mol·L⁻¹、0.0125 mol·L⁻¹ 和 0.0063 mol·L⁻¹ 的 HAc 溶液。
③ 将蒸馏水和上述 5 个不同浓度的 HAc 溶液移至恒温槽恒温约 15 min。

**3. 电导率的测定**

使用电导率仪依次测量恒温好的蒸馏水和 HAc 溶液（由稀至浓进行）的电导率。

### 五、数据记录及结果处理

1. 将各 HAc 溶液的电导率（$\kappa$）测定值填入表 3-17。

表 3-17　实验数据表

| $c/(\text{mol} \cdot \text{L}^{-1})$ | $\kappa/(\text{S} \cdot \text{m}^{-1})$ | $\Lambda_\text{m}/(\text{S} \cdot \text{m}^2 \cdot \text{mol}^{-1})$ | $\alpha$ | $K_\text{c}/(\text{mol} \cdot \text{L}^{-1})$ |
|---|---|---|---|---|
| 0.1000 | | | | |
| 0.0500 | | | | |
| 0.0250 | | | | |
| 0.0125 | | | | |
| 0.0063 | | | | |

2. 根据上述 5 个 HAc 溶液的电导率测量值，分别依次计算 5 个溶液的摩尔电导率（$\Lambda_\text{m}$）、解离度（$\alpha$）和电离常数（$K_\text{c}$），填入表 3-17 中，并进一步计算 $K_\text{c}$ 的平均值。

3. 以 $c\Lambda_\text{m}$ 作为纵坐标，$1/\Lambda_\text{m}$ 作为横坐标作图，可得一条直线，其斜率为 $K_\text{c}\Lambda_\text{m}^{\infty 2}$，根据斜率计算 $K_\text{c}$ 的平均值。

### 六、实验注意事项

1. 测量电导率时，应避免电极引线受潮。
2. 测量 HAc 溶液时，应按浓度由稀到浓的顺序依次进行。
3. 测量结束后，应清洗电极并插入蒸馏水中。

### 七、思考题

1. HAc 溶液的解离度、电导率和摩尔电导率随溶液浓度增大呈现不同变化，为什么？
2. HAc 的极限摩尔电导率不可以通过外推法获取，为什么？
3. $H^+$ 的极限摩尔电导率远远大于 $Ac^-$，为什么？

**实验 13　电池电动势法测定氯化银的溶度积和溶液的 pH**

## 一、实验目的

1. 掌握补偿（对消）法测定电池电动势的基本原理。
2. 熟悉电位差计测定电池电动势的方法。
3. 掌握用电化学方法测定 AgCl 溶度积常数和醋酸-醋酸钠缓冲溶液的 pH 值。

## 二、实验原理

原电池在放电过程中，负极发生氧化反应，正极发生还原反应，电池反应是正、负极电极反应之和。当电池处于可逆状态时，两极间的电位差最大，这一最大电位差称为电池电动势。可逆状态要求：①两电极反应是可逆的；②没有任何不可逆的液接界面；③电池的放电和充电过程必须在接近平衡状态下进行，两个电极间不能有电流通过或通过的电流必须十分微小。

显而易见，不能直接用电压表测量电动势，因为测量时总有一定的电流通过电压表，不满足可逆要求。此外，电池本身有内阻，电压表测出的只是电池两极之间的电位差而不是电池的电动势。为了解决这个问题，可利用一个外加工作电池和待测电池反向并联，当工作电池和待测电池的电动势数值相等，两者恰好相互抵消，检流计中没有电流通过。这时测出的电极间电位差即为原电池电动势，其原理见 6.5 节。

对于存在液接界面的原电池，由于离子扩散的不可逆性，液接电位无法消除，严格说属于不可逆电池。可以通过加入盐桥消除或降低液接电位。常选用正、负离子迁移数非常接近的电解质作盐桥来降低由正、负离子扩散速度不同所产生的液接电位，如饱和 KCl、$KNO_3$、$NH_4NO_3$ 等。

### 1. 电极电位的测定

由于无法测定电极电位的绝对值，电化学中规定标准氢电极，即 $Pt, H_2(p^\ominus) | H^+(a=1)$ 的电位为 0 V。将标准氢电极作为阳极与待测电极构成原电池，通过测定原电池电动势来获得电极电位。但标准氢电极使用不便，因此常用具有稳定电极电位的电极，如甘汞电极、Ag-AgCl 电极作为参比电极。

本实验采用甘汞电极（以饱和 $NH_4NO_3$ 作盐桥）作为参比电极，测定 $Ag(s)|Ag^+(a)$ 的电极电位。将两电极组合成原电池 $Hg(l), Hg_2Cl_2(s)|KCl(饱和) \parallel Ag^+(a)|Ag(s)$，测得电池电动势 $E$：

$$E = E_{Ag^+|Ag} - E_{甘汞} = E^{\ominus}_{Ag^+|Ag} + \frac{RT}{nF}\ln a_{Ag^+} - E_{甘汞} \tag{3-56}$$

根据 $E$ 的计算公式可以计算出银电极的标准电极电位：

$$E^{\ominus}_{Ag^+|Ag} = E - \frac{RT}{nF}\ln a_{Ag^+} + E_{甘汞} \tag{3-57}$$

### 2. AgCl 溶度积的测定

在浓差电池 $Ag|KCl (0.1\ mol\cdot kg^{-1}), AgCl(饱和) \parallel AgNO_3 (0.1\ mol\cdot kg^{-1})|Ag$（以饱和 $NH_4NO_3$ 作盐桥）中，25 ℃ 时 0.10 $mol\cdot kg^{-1}$ $AgNO_3$ 的平均离子活度系数为 0.734，则 $Ag^+$ 活度为 0.734×0.10 $mol\cdot kg^{-1}$。若令 0.10 $mol\cdot kg^{-1}$ KCl 中 $Ag^+$ 活度为

$a_{Ag^+}$，则电池电动势为：

$$E = \frac{RT}{F}\ln\frac{a_2}{a_1} = \frac{RT}{F}\ln\frac{0.734\times0.10\ \text{mol}\cdot\text{kg}^{-1}}{a_{Ag^+}} \tag{3-58}$$

AgCl 的活度积 $K_{sp} = a_{Ag^+}a_{Cl^-}$，则：

$$E = -\frac{RT}{F}\ln K_{sp} + \frac{RT}{F}\ln(0.734\times0.10\ \text{mol}\cdot\text{kg}^{-1}) + \frac{RT}{F}\ln a_{Cl^-} \tag{3-59}$$

25 ℃时 0.10 mol·kg$^{-1}$ KCl 的平均离子活度系数为 0.770，则 Cl$^-$ 活度为 0.770×0.10 mol·kg$^{-1}$，则：

$$\ln K_{sp} = -\frac{EF}{RT} + \ln(0.734\times0.10\ \text{mol}\cdot\text{kg}^{-1}) + \ln(0.770\times0.10\ \text{mol}\cdot\text{kg}^{-1}) \tag{3-60}$$

因为 AgCl 的溶解度很小，所以活度积和溶度积近似相等。

### 3. 溶液 pH 的测定

溶液的 pH 值可以用电动势法精确测量。将氢离子指示电极与参比电极组成原电池，测定其电动势，根据能斯特方程算出溶液的 pH 值。常用的氢离子指示电极包括氢电极、醌氢醌电极、玻璃电极等，本实验选用醌氢醌电极。醌氢醌（Q·QH$_2$）是苯醌（Q·）和氢醌（QH$_2$）物质的量之比为 1∶1 的混合物。

将少量 Q·QH$_2$ 加入待测溶液中，以光亮铂电极作电极片，构成 Q·QH$_2$ 电极，进而组成如下原电池：

Hg(l), Hg$_2$Cl$_2$(s)|KCl(饱和) ‖ H$^+$(0.01 mol·kg$^{-1}$ HAc+0.01 mol·kg$^{-1}$ NaAc), Q·QH$_2$|Pt

Q·QH$_2$ 电极反应如下：

$$Q + 2H^+ + 2e^- \rightleftharpoons QH_2$$

电极电位计算公式如下：

$$E_{Q\cdot QH_2} = E^\ominus_{Q\cdot QH_2} - \frac{RT}{2F}\ln\frac{a_{QH_2}}{a_Q a^2_{H^+}} \tag{3-61}$$

由于常温下 Q·QH$_2$ 在水中溶解度很小，Q 和 QH$_2$ 的活度系数都约等于 1，且两者活度近似相等，所以：

$$E_{Q\cdot QH_2} = E^\ominus_{Q\cdot QH_2} - \frac{2.303RT}{F}\text{pH} \tag{3-62}$$

电池电动势计算公式如下：

$$E = E_{Q\cdot QH_2} - E_{甘汞} = E^\ominus_{Q\cdot QH_2} - \frac{2.303RT}{F}\text{pH} - E_{甘汞} \tag{3-63}$$

所以：

$$\text{pH} = (E^\ominus_{Q\cdot QH_2} - E_{甘汞} - E)\frac{F}{2.303RT} \tag{3-64}$$

## 三、实验仪器与药品

仪器：数字式电位差计；饱和甘汞电极；银电极；U 形盐桥（内盛饱和 NH$_4$NO$_3$ 的琼脂）；光亮铂电极；100 mL 烧杯；等等。

药品：饱和 NH$_4$NO$_3$ 溶液；0.100 mol·kg$^{-1}$ AgNO$_3$ 溶液；0.100 mol·kg$^{-1}$ KCl 溶液；饱和 KCl 溶液；醌氢醌；0.100 mol·kg$^{-1}$ HAc 溶液；0.100 mol·kg$^{-1}$ HAc-NaAc 缓冲溶液。

## 四、实验步骤

### 1. 电极电位的测定

用温度计测定当前室内温度。在 100 mL 烧杯中倒入适量 $0.100\ \mathrm{mol\cdot kg^{-1}}$ $AgNO_3$ 溶液，插入银电极。在另一只 100 mL 烧杯中倒入适量饱和 KCl 溶液，放入饱和甘汞电极，用盐桥将两个烧杯连接起来组装成原电池，以银电极为正极，饱和甘汞电极为负极，用数字式电位差计测其电池电动势。

### 2. AgCl 溶度积的测定

将两根 Ag 电极先用细砂纸轻轻打磨光亮，再用蒸馏水洗净，之后浸入同样浓度的 $AgNO_3$ 溶液中，用电位差计测其电动势。若电动势小于 0.001 V，则可以继续下面的实验步骤，否则应重新处理 Ag 电极。

取 2 只 100 mL 烧杯，1 只烧杯中倒入适量 $0.100\ \mathrm{mol\cdot kg^{-1}}$ KCl 溶液，滴入一滴 $0.100\ \mathrm{mol\cdot kg^{-1}}$ $AgNO_3$ 溶液，充分振荡，静置 10 min，插入一支处理好的银电极。向另一只烧杯中倒入适量 $0.100\ \mathrm{mol\cdot kg^{-1}}$ 的 $AgNO_3$ 溶液，插入另一支处理好的银电极。用盐桥连接两只烧杯组成原电池，以 $Ag|AgNO_3(0.100\ \mathrm{mol\cdot kg^{-1}})$ 为正极，以 $Ag|KCl(0.1\ \mathrm{mol\cdot kg^{-1}})$，$AgCl$(饱和) 为负极，测其电池电动势。

### 3. pH 的测定

（1）电极的准备

用蒸馏水清洗干净铂电极，如果铂片上有油污，将铂片在丙酮中浸泡后用蒸馏水清洗。

（2）测定电池电动势

在 100 mL 烧杯中倒入适量 HAc-NaAc 缓冲溶液，加入少量醌氢醌粉末，均匀搅拌使其溶解，但仍保持溶液中含有少量醌氢醌固体，插入铂电极作为正极，将饱和甘汞电极作为负极，用盐桥连接两个烧杯组成原电池，用电位差计测定其电池电动势。

## 五、实验记录及结果处理

### 1. 结果处理

（1）电极电位的测定

$E_{甘汞}=[0.2415-7.6\times10^{-4}(T/℃-25)]$ V，且 $0.100\ \mathrm{mol\cdot kg^{-1}}$ $AgNO_3$ 的活度系数 $\gamma_{Ag^+}=\gamma_\pm=0.734$，结合实验测得的电池电动势求 $E^\ominus_{Ag^+|Ag}$，并将结果与 $E^\ominus_{Ag^+|Ag,理论}=[0.7991-9.88\times10^{-4}(T/℃-25)]$ V 进行比较，要求相对误差小于 5%。

（2）AgCl 溶度积的测定

用 AgCl 的理论溶度积 $K_{sp,理论}=1.8\times10^{-10}$ 计算电池的理论电池电动势 $E_{理论}$；用实验测得的原电池电动势 $E$，计算 AgCl 的溶度积 $K_{sp}$，并计算 $E$ 对于 $E_{理论}$ 的相对误差，要求相对误差小于 5%。

（3）pH 的测定

用实验测得的电池电动势 $E$ 计算缓冲溶液的 pH 值。

$E^\ominus_{Q\cdot QH_2,理论}=[0.6994-7.4\times10^{-4}(T/℃-25)]$ V；醋酸的解离常数 $K_a=\dfrac{a_{H^+}a_{Ac^-}}{a_{HAc}}$，

即 $pH = -\lg K_a + \lg \dfrac{a_{Ac^-}}{a_{HAc}}$，代入 $K_a = 1.75 \times 10^{-5}$（且低浓度醋酸活度系数可近似为 1，醋酸根的活度近似等于溶液平均活度，$0.100\ mol \cdot kg^{-1}$ NaAc 平均离子活度系数为 0.79），可求得溶液的理论 pH 值。将实验所得 pH 与理论计算值进行相对误差计算。

2. 实验数据记录（表 3-18）

表 3-18　实验数据记录表

| 电极电位的测定 | | | |
|---|---|---|---|
| 室温 $T/℃$ | | 电池电动势 $E/V$ | |
| 理论电池电动势/V | | 电动势相对误差/% | |
| AgCl 溶度积的测定 | | | |
| 电池电动势 $E/V$ | | AgCl 溶度积计算值 | |
| $E_{理论}/V$ | | 电池电动势相对误差/% | |
| HAc-NaAc 缓冲溶液 pH 的测定 | | | |
| 电池电动势 $E/V$ | | pH 计算值 | |
| pH 理论值 | | pH 相对误差/% | |

## 六、实验注意事项

1. 盐桥中要有 $KNO_3$，即溶液中要有固体 $KNO_3$ 存在，否则电池电动势的测量值不准确。

2. 制作的银电极的静置时间应足够长，以免电池电动势的测定值不稳定。

3. 测电动势前应初步估算被测电池的电动势大小，尽量缩短操作时间。

## 七、思考题

1. 标准电极、工作电极和参比电极各自的作用是什么？
2. 为什么不能用电压表测量原电池电动势？
3. 如何选择盐桥中的电解质？

**实验 14  电解质溶液活度系数的测定**

## 一、实验目的

1. 掌握通过电动势法测定电解质溶液平均离子活度系数的原理。
2. 加强对活度 $a$、活度系数 $\gamma$、平均活度 $a_\pm$、平均离子活度系数 $\gamma_\pm$ 的理解。
3. 掌握外推法处理实验数据的方法。

## 二、实验原理

将理想液体混合物中组分 B 的化学势计算公式中的质量摩尔浓度 $m$ 用活度 $a$ 代替,即可用来计算真实液体混合物中组分 B 的化学势。

$$a = \gamma \frac{m}{m^\ominus} \tag{3-65}$$

式中,$\gamma$ 为活度系数,用来表示真实溶液与理想溶液浓度的偏差。

在理想溶液中活度与浓度一致,即活度系数为 1;稀溶液中活度与浓度近似相等,活度系数近似为 1。对于电解质溶液,$A_{\nu_+} B_{\nu_-} = \nu_+ A^{z+} + \nu_- B^{z-}$,无法测量单个离子的活度和活度系数,只能通过实验测定离子的平均活度系数 $\gamma_\pm$。

$$a_\pm = \gamma_\pm \frac{m_\pm}{m^\ominus} \tag{3-66}$$

式中,$a_\pm$ 为平均活度,$a_\pm = (a_+^{\nu_+} a_-^{\nu_-})^{1/\nu}$;$m_\pm$ 为平均质量摩尔浓度,$m_\pm = (m_+^{\nu_+} m_-^{\nu_-})^{1/\nu}$,其中 $\nu = \nu_+ + \nu_-$。

可以通过色谱法、动力学法、稀溶液依数性、电动势法等测定电解质溶液的平均活度和平均离子活度系数。本实验采用电动势法测定 $ZnCl_2$ 溶液的平均离子活度系数。

$Zn(s) | ZnCl_2(a) | AgCl(s)$,$Ag(s)$ 的电池反应为:

$$Zn(s) + 2AgCl(s) \rightleftharpoons 2Ag(s) + Zn^{2+}(a_{Zn^{2+}}) + 2Cl^-(a_{Cl^-})$$

原电池电动势为:

$$E = \varphi^\ominus_{AgCl|Ag} - \varphi^\ominus_{Zn^{2+}|Zn} - \frac{RT}{2F}\ln[(a_{Zn^{2+}})(a_{Cl^-})^2] = \varphi^\ominus_{AgCl|Ag} - \varphi^\ominus_{Zn^{2+}|Zn} - \frac{RT}{2F}\ln(a_\pm)^3 \tag{3-67}$$

代入平均活度计算公式和原电池标准电动势 $E^\ominus = \varphi^\ominus_{AgCl|Ag} - \varphi^\ominus_{Zn^{2+}|Zn}$,得:

$$E = E^\ominus - \frac{RT}{2F}\ln[(m_{Zn^{2+}})(m_{Cl^-})^2] - \frac{RT}{2F}\ln\gamma_\pm^3 \tag{3-68}$$

显而易见,当电解质溶液的质量摩尔浓度 $m$ 已知时,只要测得一定温度下的电池电动势 $E$,再由标准电极电势表的数据求得 $E^\ominus$,就可以解得 $\gamma_\pm$。

当缺少标准电极电势数据时,$E^\ominus$ 值还可以根据实验结果求得,具体方法如下。

在质量摩尔浓度为 $m$ 的 $ZnCl_2$ 溶液中,$m_{Zn^{2+}} = m$,$m_{Cl^-} = 2m$,可得:

$$E + \frac{RT}{2F}\ln(4m^3) = E^\ominus - \frac{RT}{2F}\ln\gamma_\pm^3 \tag{3-69}$$

根据德拜-休克尔公式:

$$\ln\gamma_\pm = -A\sqrt{I} \tag{3-70}$$

式中，$A$ 为常数；$I$ 为离子强度，$ZnCl_2$ 溶液中 $I=\frac{1}{2}\sum m_i z_i^2 = 3m$，则：

$$E + \frac{RT}{2F}\ln(4m^3) = E^\ominus + \frac{3\sqrt{3}ART}{2F}\sqrt{m} \tag{3-71}$$

可见，$E + \frac{RT}{2F}\ln(4m^3)$ 与 $\sqrt{m}$ 线性相关，$E^\ominus$ 为截距，可由图形外推至 $m \to 0$ 时得到。通过实验测得由不同浓度的 $ZnCl_2$ 溶液所构成的上述原电池的电动势 $E$，以 $E + \frac{RT}{2F}\ln(4m^3)$ 对 $\sqrt{m}$ 作图，得到一条直线，再将此直线向外延伸至 $m=0$，纵坐标上所得的截距就是 $E^\ominus$。

### 三、实验仪器与药品

仪器：电位差计；Ag(s)|AgCl(s)电极；100 mL 容量瓶；5 mL 移液管；10 mL 移液管；100 mL 烧杯；细砂纸；导线；等等。

药品：$1.0\ mol \cdot L^{-1}\ ZnCl_2$ 溶液；锌片；稀硝酸；等等。

### 四、实验步骤

1. 分别精确移取 $1.0\ mol \cdot L^{-1}\ ZnCl_2$ 溶液 10 mL、7.5 mL、5 mL、2.5 mL、1 mL，用蒸馏水定容至 100 mL，得到浓度为 $0.1\ mol \cdot L^{-1}$、$0.075\ mol \cdot L^{-1}$、$0.05\ mol \cdot L^{-1}$、$0.025\ mol \cdot L^{-1}$、$0.01\ mol \cdot L^{-1}\ ZnCl_2$ 溶液。

2. 记录实验当前室温。

3. 用细砂纸将锌电极打磨至光亮，用丙酮等除去锌电极表面的油污，再用稀硝酸浸泡片刻彻底去除锌电极表面的氧化物，最后用蒸馏水冲洗干净，备用。

4. 在 100 mL 烧杯中按由稀到浓的次序倒入适量 $ZnCl_2$ 溶液，将锌电极和 Ag|AgCl 电极插入小烧杯中，用电位差计分别测定不同浓度 $ZnCl_2$ 溶液组成的电池的电动势。

### 五、数据记录及结果处理

将实验相关数据填入表 3-19。

**表 3-19 实验数据表**

实验室温：_____

| $ZnCl_2$ 浓度 $m/(mol \cdot kg^{-1})$ | $E/V$ | $E + \frac{RT}{2F}\ln(4m^3)$ | $\sqrt{m}/(mol^{1/2} \cdot kg^{-1/2})$ | $\gamma_\pm$ | $a_\pm$ | $a_{ZnCl_2}$ |
|---|---|---|---|---|---|---|
|  |  |  |  |  |  |  |
|  |  |  |  |  |  |  |
|  |  |  |  |  |  |  |
|  |  |  |  |  |  |  |
| 以 $E + \frac{RT}{2F}\ln(4m^3)$ 对 $\sqrt{m}$ 作图的直线拟合方程 | | | | | | |
| $E^\ominus$ 的实验值/V | | | | | | |
| $E^\ominus$ 的理论值/V | | | | | | |
| $E^\ominus$ 的相对误差 | | | | | | |

### 六、实验注意事项

1. 测量电动势时注意电池的正、负极不要接反。
2. Ag｜AgCl 电极需要避光保存，若电极表面的 AgCl 层脱落，需要重新电镀。

### 七、思考题

1. 为什么可以使用电动势法测定离子溶液的平均离子活度系数？
2. 影响本实验结果的因素有哪些？
3. 试分析本实验出现误差的原因。

### 八、附注

1. 锌电极：$\varphi_T^\ominus/\text{V} = -0.7627 + 1.0 \times 10^{-4} \times (T/\text{K} - 298)$。
2. 不同温度下 Ag｜AgCl 电极电势见表 3-20。

表 3-20　不同温度下 Ag｜AgCl 电极电势

| 温度/℃ | 5 | 10 | 15 | 20 | 25 | 30 |
|---|---|---|---|---|---|---|
| 电势/V | 0.234 | 0.2314 | 0.285 | 0.2256 | 0.2224 | 0.2192 |

## 实验 15 铁氰化钾在玻碳电极上的氧化还原行为

### 一、实验目的

1. 学习循环伏安法。
2. 掌握循环伏安法测定电极反应的基本原理。
3. 熟悉电化学工作站的使用方法。
4. 学习固体电极表面的处理方法。

### 二、实验原理

循环伏安（cyclic voltammetry，CV）法是一种电化学方法，将循环变化的电压施加在工作电极和参比电极之间，测定工作电极通过的电流与施加电压的关系曲线。

当施加的扫描电压激发工作电极时，将产生响应电流。电流对电位绘制的图形，称为循环伏安图（见图 3-15）。

循环伏安图包含几个重要的参数：阳极峰电流（$i_{pa}$）、阳极峰电位（$E_{pa}$）、阴极峰电流（$i_{pc}$）和阴极峰电位（$E_{pc}$）。

可逆氧化还原电对的电极电位，即式量电位 $E^{\ominus\prime}$、阳极峰电位 $E_{pa}$、阴极峰电位 $E_{pc}$ 之间关系为：

$$E^{\ominus\prime} = \frac{E_{pa} - E_{pc}}{2} \quad (3\text{-}72)$$

图 3-15 循环伏安图

阳极峰和阴极峰之间的电位差为：

$$\Delta E_p = E_{pa} - E_{pc} \approx \frac{0.059 \text{ V}}{n} \quad (3\text{-}73)$$

式中，$n$ 为电子转移数。

铁氰化钾电对在电极上的反应为单电子转移过程，通过实验可测得 $\Delta E_p$，并与理论值作比较。可以用 Randles-Savcik 方程表示可逆体系的正向峰电流：

$$i_p = 2.69 \times 10^5 n^{3/2} A D^{1/2} v^{1/2} c \quad (3\text{-}74)$$

式中，$i_p$ 为峰电流，A；$A$ 为电极面积，$cm^2$；$D$ 为扩散系数，$cm \cdot s^{-1}$；$v$ 为扫描速度，$V \cdot s^{-1}$；$c$ 为浓度，$mol \cdot L^{-1}$。

由 Randles-Savcik 方程可知，$i_p$ 与 $v^{1/2}$ 和 $c$ 都呈线性相关，对研究电极反应具有重要意义。在可逆电极反应中，$i_{pa} \approx i_{pc}$。

### 三、实验仪器与药品

仪器：电化学工作站；三电极系统；玻碳电极；饱和甘汞电极；铂电极；等等。
药品：$1.0 \times 10^{-3}$ $mol \cdot L^{-1}$ 铁氰化钾溶液（含 $0.2$ $mol \cdot L^{-1}$ $KNO_3$）。

### 四、实验步骤

1. 以玻碳电极为工作电极、饱和甘汞电极为参比电极、铂电极为辅助电极，电位扫描技术选用循环伏安法。

2. 设置参数：初始电位，0.60 V；开关电位1，0.60 V；开关电位2，-0.20 V；等待时间，5 s；循环次数，3次；灵敏度，10 μA；滤波参数，50 Hz；放大倍数，1。

3. 以 $1.0\times10^{-3}$ mol·L$^{-1}$ 铁氰化钾溶液为待测液，扫描速度分别为 $0.02$ V·s$^{-1}$、$0.05$ V·s$^{-1}$、$0.1$ V·s$^{-1}$、$0.2$ V·s$^{-1}$、$0.3$ V·s$^{-1}$、$0.4$ V·s$^{-1}$、$0.5$ V·s$^{-1}$，扫描循环伏安图，记录峰电流 $i_p$、峰电位 $E_p$、峰电流之比 $|i_{pc}/i_{pa}|$、峰电位之差 $\Delta E_p$。

4. 配制浓度为 $1.0\times10^{-3}$ mol·L$^{-1}$、$2.0\times10^{-3}$ mol·L$^{-1}$、$4.0\times10^{-3}$ mol·L$^{-1}$、$6.0\times10^{-3}$ mol·L$^{-1}$、$8.0\times10^{-3}$ mol·L$^{-1}$ 铁氰化钾溶液（含 $0.2$ mol·L$^{-1}$KNO$_3$），设置扫描速度为 $0.1$ V·s$^{-1}$，扫描循环伏安图，记录峰电流 $i_p$。

### 五、数据记录及结果处理

#### 1. 数据记录

（1）$1.0\times10^{-3}$ mol·L$^{-1}$ 铁氰化钾溶液循环伏安法数据（表3-21）

表 3-21　循环伏安法数据表

| 项目 | 0.02 V·s$^{-1}$ | 0.05 V·s$^{-1}$ | 0.10 V·s$^{-1}$ | 0.20 V·s$^{-1}$ | 0.30 V·s$^{-1}$ | 0.40 V·s$^{-1}$ | 0.50 V·s$^{-1}$ |
|---|---|---|---|---|---|---|---|
| 峰电流 $i_p$ | | | | | | | |
| 峰电位 $E_p$ | | | | | | | |
| 峰电流之比 $|i_{pc}/i_{pa}|$ | | | | | | | |
| 峰电位之差 $\Delta E_p$ | | | | | | | |

（2）不同浓度溶液的峰电流（表3-22）

表 3-22　不同浓度溶液的峰电流

| 浓度/(mol·L$^{-1}$) | $1.0\times10^{-3}$ | $2.0\times10^{-3}$ | $4.0\times10^{-3}$ | $6.0\times10^{-3}$ | $8.0\times10^{-3}$ |
|---|---|---|---|---|---|
| 峰电流 $i_p$ | | | | | |

#### 2. 数据处理

① $i_p$ 对 $v^{1/2}$ 作图，进行直线拟合并讨论。
② $E_p$ 对 $v$ 作图，并根据图解释电极过程。
③ $i_p$ 对 $c$ 作图，进行直线拟合并讨论。
④ 以 $\Delta E_p$ 对 $v$ 作图，并讨论。

### 六、实验注意事项

1. 在循环伏安法扫描过程中，应保持溶液静止，避免扰动。
2. 电极必须处理干净，以免影响实验结果。

### 七、思考题

1. 试解释循环伏安图的形状。
2. 如何通过循环伏安法判定电极过程的可逆情况？

## 3.3 动力学部分

 **实验 16 蔗糖水解反应速率常数的测定**

### 一、实验目的

1. 理解蔗糖转化反应过程中反应体系旋光度随时间逐渐变化的原因。
2. 熟悉旋光仪的正确使用方法。
3. 根据反应体系旋光度随时间变化的定量关系推算蔗糖水解反应的速率常数和半衰期。

### 二、实验原理

蔗糖在人体内经由酶催化作用可以水解生成葡萄糖和果糖,蔗糖的水解反应也称为转化反应,水解产物也称为转化糖。蔗糖还可以通过稀酸催化作用在人体外发生转化反应。酸催化的转化反应速率与蔗糖、水和氢离子的浓度均有关,但反应过程中水和氢离子的浓度几乎保持不变,因此可以作为准一级反应处理。蔗糖浓度随时间的变化关系遵守化学动力学的一级反应速率方程:

$$-\frac{\mathrm{d}c}{\mathrm{d}t}=kc \tag{3-75}$$

上式积分可得:

$$\ln\frac{c_0}{c}=kt \tag{3-76}$$

式中,$c_0$ 和 $c$ 分别为起始时刻和 $t$ 时刻的蔗糖浓度。进一步可以得到一级反应半衰期:

$$t_{1/2}=\frac{\ln 2}{k} \tag{3-77}$$

蔗糖与其转化产物均为旋光物质,蔗糖和葡萄糖为右旋物质而果糖为左旋物质。随着水解反应进行,体系旋光度由右旋变为左旋。溶液的旋光度与溶液中所含旋光物质的种类、浓度、溶剂的性质、液层厚度、光源波长及温度等因素有关。其他条件保持不变时,旋光物质的旋光度 $\alpha$ 与其浓度成正比:

$$\alpha=\beta c \tag{3-78}$$

$\beta$ 为比例常数,其他条件保持不变时,$\beta$ 只与溶质种类有关。由多种旋光物质构成的混合溶液,其旋光度具有加和性。据此可以计算蔗糖转化反应在起始时刻 ($t=0$)、反应中 ($t=t$) 和终止时刻 ($t=\infty$) 的体系旋光度 $\alpha_0$、$\alpha_t$ 和 $\alpha_\infty$:

$$C_{12}H_{22}O_{11}+H_2O \longrightarrow C_6H_{12}O_6(葡萄糖)+ C_6H_{12}O_6(果糖)$$

| | | | | |
|---|---|---|---|---|
| $t=0$ | $\beta_1 c_0$ | 0 | 0 | $\alpha_0=\beta_1 c_0$ |
| $t=t$ | $\beta_1 c$ | $\beta_2(c_0-c)$ | $\beta_3(c_0-c)$ | $\alpha_t=\beta_1 c+(\beta_2+\beta_3)\times(c_0-c)$ |
| $t=\infty$ | 0 | $\beta_2 c_0$ | $\beta_3 c_0$ | $\alpha_\infty=(\beta_2+\beta_3)c_0$ |

进一步可知,$\alpha_0-\alpha_\infty=(\beta_1-\beta_2-\beta_3)c_0$ 和 $\alpha_t-\alpha_\infty=(\beta_1-\beta_2-\beta_3)c$,代入式(3-76)则有:

$$\ln\frac{\alpha_0-\alpha_\infty}{\alpha_t-\alpha_\infty}=kt \tag{3-79}$$

上式也可以变形为：

$$\ln(\alpha_t - \alpha_\infty) = -kt + \ln(\alpha_0 - \alpha_\infty) \tag{3-80}$$

### 三、实验仪器与药品

仪器：恒温槽；旋光仪；台秤；烧杯；25 mL 移液管；量筒；锥形瓶；秒表；旋光管。
药品：蔗糖（分析纯）；4 mol·L$^{-1}$ HCl 溶液；蒸馏水。

### 四、实验步骤

**1. 实验预备**

开启恒温槽并调节温度为 60 ℃，开启旋光仪，预热。

**2. 蔗糖水解过程中 $\alpha_t$ 的测定**

用台秤称取 20 g 蔗糖，放入烧杯中，加入 100 mL 蒸馏水配成溶液。用移液管移取 25 mL 蔗糖溶液置于锥形瓶中，移取 25 mL 4 mol·L$^{-1}$ HCl 溶液迅速倒入蔗糖中混合均匀并塞紧，放入 60 ℃的恒温槽中加热恒温。用相同方法配制另一份混合液，将混合液装满旋光管并置于旋光仪中，测量混合液的旋光度。每隔 2 min 读取一次旋光度，测定 40 min。

**3. $\alpha_\infty$ 的测定**

取出 60 ℃恒温槽中的混合液并冷却至室温，测量其旋光度，即为 $\alpha_\infty$。

### 五、数据记录及结果处理

1. 将实验数据记录整理在表 3-23 中。

表 3-23 实验数据表

$\alpha_\infty$：_____

| $t$ | $\alpha_t$ | $\alpha_t - \alpha_\infty$ | $\ln(\alpha_t - \alpha_\infty)$ |
|---|---|---|---|
|  |  |  |  |
|  |  |  |  |
|  |  |  |  |
|  |  |  |  |
|  |  |  |  |

2. 以 $\ln(\alpha_t - \alpha_\infty)$ 对 $t$ 作图可得一直线，根据直线斜率求取速率常数。
3. 根据速率常数求取半衰期。

### 六、实验注意事项

1. 反应液里混有盐酸，在处理样品的过程中，应避免皮肤直接接触反应液。
2. 在旋紧旋光管盖套时，应避免用力过猛，否则容易将玻璃片压碎。
3. 测定 $\alpha_\infty$ 时，温度不可以超过 60 ℃，否则可能引起副反应。

### 七、思考题

1. 实验中不需要精确称取蔗糖质量，为什么？
2. 实验中不需要在溶液混合后立即计时，为什么？
3. 实验中不可以直接测量 $\alpha_\infty$，为什么？

## 实验 17　乙酸乙酯皂化反应速率常数的测定

### 一、实验目的

1. 理解乙酸乙酯皂化反应过程中反应体系电导率随时间逐渐变化的原因。
2. 根据反应体系电导率随时间变化的定量关系推算乙酸乙酯皂化反应的速率常数。
3. 根据不同温度时的速率常数计算活化能。

### 二、实验原理

乙酸乙酯与氢氧化钠生成醋酸钠和乙醇的反应属于皂化反应：

$$CH_3COOC_2H_5 + NaOH \longrightarrow CH_3COONa + C_2H_5OH$$

该反应是一个二级反应。如果反应物乙酸乙酯及氢氧化钠的起始浓度相同，则反应的速率方程可以写为：

$$-\frac{dc}{dt} = kc^2 \tag{3-81}$$

上式积分可得：

$$\frac{1}{c} - \frac{1}{c_0} = kt \tag{3-82}$$

式中，$c_0$ 和 $c$ 分别为起始时刻和 $t$ 时刻的反应物浓度。此式也可以变形为：

$$k = \frac{1}{tc_0} \times \frac{c_0 - c}{c} \tag{3-83}$$

乙酸乙酯和乙醇在水中不导电，所以反应体系的导电能力只由氢氧化钠和醋酸钠承担。反应中 $OH^-$ 逐渐被 $CH_3COO^-$ 取代，而在水溶液中 $OH^-$ 的导电能力远远强于 $CH_3COO^-$，因此随着反应的进行，体系电导率将会逐渐变小。氢氧化钠和醋酸钠均为强电解质，对于强电解质的稀溶液，其电导率与其浓度成正比。氢氧化钠和醋酸钠在反应过程中的浓度分别为 $c$ 和 $c_0 - c$，且浓度较稀。氢氧化钠和醋酸钠的电导率（$\kappa_1$ 和 $\kappa_2$）与其浓度之间的关系可以分别表示为：

$$\kappa_1 = A_1 c \tag{3-84}$$

$$\kappa_2 = A_2(c_0 - c) \tag{3-85}$$

$A_1$ 和 $A_2$ 为比例常数，其数值与温度、电解质的种类、溶剂的性质和电导池常数有关。不同电解质构成的混合溶液的电导率具有加和性，反应体系在某时刻的电导率（$\kappa_t$）即为氢氧化钠和醋酸钠的电导率之和：

$$\kappa_t = \kappa_1 + \kappa_2 = A_1 c + A_2(c_0 - c) \tag{3-86}$$

反应体系起始时只有氢氧化钠导电（此时氢氧化钠浓度为 $c_0$），因此反应体系起始时的电导率（$\kappa_0$）等于氢氧化钠起始电导率（$\kappa_{1,0}$），即：

$$\kappa_0 = \kappa_{1,0} = A_1 c_0 \tag{3-87}$$

反应体系结束时只有醋酸钠导电（此时醋酸钠浓度为 $c_0$），因此反应体系结束时的电导率（$\kappa_\infty$）等于醋酸钠反应后的电导率（$\kappa_{2,\infty}$），即：

$$\kappa_\infty = \kappa_{2,\infty} = A_2 c_0 \tag{3-88}$$

联立上述式(3-86)～式(3-88)可得：

$$\frac{\kappa_0 - \kappa_t}{\kappa_t - \kappa_\infty} = \frac{c_0 - c}{c} \tag{3-89}$$

将上式代入式(3-83)可得：

$$k = \frac{1}{tc_0} \times \frac{\kappa_0 - \kappa_t}{\kappa_t - \kappa_\infty} \tag{3-90}$$

上式也可以变形为：

$$\kappa_t = \frac{1}{kc_0} \times \frac{\kappa_0 - \kappa_t}{t} + \kappa_\infty \tag{3-91}$$

若通过实验测出两个温度的速率常数，则反应的活化能可以通过阿伦尼乌斯公式进行计算：

$$\ln \frac{k_2}{k_1} = \frac{E_a}{R} \times \left(\frac{1}{T_1} - \frac{1}{T_2}\right) \tag{3-92}$$

### 三、实验仪器与药品

仪器：恒温槽；电导率仪；移液管；秒表；双管电导池；等等。

药品：NaOH 溶液（0.2000 mol·L$^{-1}$ 和 0.1000 mol·L$^{-1}$）；0.2000 mol·L$^{-1}$ $CH_3COOC_2H_5$ 溶液；0.1000 mol·L$^{-1}$ $CH_3COONa$ 溶液。

### 四、实验步骤

**1. 实验预备**

开启恒温槽并调节温度为 25 ℃，开启电导率仪，预热。

**2. 测定实验温度为 25 ℃的数据**

取适量 0.1000 mol·L$^{-1}$ 的 NaOH 溶液注入电导池中，置于恒温槽中恒温 10 min，使用电导率仪测量恒温好的溶液，即为 $\kappa_0$。用上述方法测量 0.1000 mol·L$^{-1}$ $CH_3COONa$ 溶液的电导率，即为 $\kappa_\infty$。精确移取 0.2000 mol·L$^{-1}$ 的 NaOH 和 $CH_3COOC_2H_5$ 溶液各 10 mL，并分别注入双管电导池的两个支管中，置于恒温槽中恒温 10 min，再使两溶液迅速混合，同时开始计时，每隔 5 min，读取一次电导率，测定 40 min，即为 $\kappa_t$。

**3. 测定实验温度为 35 ℃的数据**

按上述步骤在 35 ℃重复实验。

### 五、数据记录及结果处理

1. 将实验数据记录整理至表 3-24、表 3-25 中。

**表 3-24　25 ℃时的实验数据表**

实验温度：25 ℃；$\kappa_0 =$ _____；$\kappa_\infty =$ _____

| $t$ | $\kappa_t$ | $\dfrac{\kappa_0 - \kappa_t}{\kappa_t - \kappa_\infty}$ | $\dfrac{\kappa_0 - \kappa_t}{t}$ |
|---|---|---|---|
| | | | |
| | | | |
| | | | |
| | | | |
| | | | |
| | | | |

表 3-25　35 ℃ 时的实验数据表

实验温度：35 ℃；$\kappa_0 = $ _____；$\kappa_\infty = $ _____

| $t$ | $\kappa_t$ | $\dfrac{\kappa_0 - \kappa_t}{\kappa_t - \kappa_\infty}$ | $\dfrac{\kappa_0 - \kappa_t}{t}$ |
|---|---|---|---|
|  |  |  |  |
|  |  |  |  |
|  |  |  |  |
|  |  |  |  |
|  |  |  |  |

2. 用两种方法计算速率常数：

① 以 $\dfrac{\kappa_0 - \kappa_t}{\kappa_t - \kappa_\infty}$ 对 $t$ 作图可得一直线，根据直线斜率求取速率常数。

② 以 $\kappa_t$ 对 $\dfrac{\kappa_0 - \kappa_t}{t}$ 作图可得一直线，根据直线斜率求取速率常数。

3. 计算反应活化能。

## 六、实验注意事项

1. NaOH 和 $CH_3COOC_2H_5$ 的初始浓度应相等。
2. 实验过程中一定要保证恒温。
3. 两种反应液混合要迅速、均匀并且确保计时的准确性。

## 七、思考题

1. 实验中 NaOH 和 $CH_3COOC_2H_5$ 溶液的浓度需要一致，为什么？
2. 实验中所有溶液均要按照浓度要求精确配制，为什么？
3. 实验中要求两溶液迅速混合并立即计时，为什么？

## 实验 18 丙酮碘化反应速率常数的测定

### 一、实验目的

1. 熟悉连续反应机理的一般动力学特征。
2. 理解丙酮碘化反应过程中反应体系吸光度随时间逐渐变化的原因。
3. 根据反应体系吸光度随时间变化的定量关系推算反应的速率常数。

### 二、实验原理

有机化学中的反应通常不能一步完成而会涉及一个或多个中间体，经历多个步骤生成终产物的反应在动力学上称为连续反应。连续反应直接联立求解多个动力学微分方程很困难，因此会根据具体反应机理采取合理化近似处理连续反应速率方程。常用的一种处理连续反应的近似方法为速控步近似，就是在连续反应中若其中有一步的反应速率显著慢于其余步骤，则可以用最慢这一步的反应速率代替整个连续反应速率。

丙酮在酸催化条件进行的碘化反应是一个包括两步反应的连续反应，其总反应为：

$$\text{H}_3\text{C}-\underset{\underset{\text{O}}{\|}}{\text{C}}-\text{CH}_3 + \text{I}_2 \xrightarrow{\text{H}^+} \text{H}_3\text{C}-\underset{\underset{\text{O}}{\|}}{\text{C}}-\text{CH}_2\text{I} + \text{HI}$$

总反应的速率根据碘浓度变化可以表示为：

$$r = -\frac{dc_{I_2}}{dt} = k c_{丙酮}^x c_{H^+}^y c_{I_2}^z \tag{3-93}$$

式中，$r$ 为丙酮碘化的反应速率；$k$ 为反应速率常数；指数 $x$、$y$ 和 $z$ 分别为丙酮、$H^+$ 和 $I_2$ 的分级数。

$$\lg\left(-\frac{dc_{I^-}}{dt}\right) = \lg k + x \lg c_{丙酮} + y \lg c_{H^+} + z \lg c_{I_2} \tag{3-94}$$

三种反应物质（丙酮、酸、碘）中，固定其中两种物质的浓度，配制出第三种物质浓度不同的一系列溶液，使反应速率只是该物质浓度的函数。以 $\lg\left(-\dfrac{dc_{I^-}}{dt}\right)$ 对该组分浓度的对数作图，所得直线的斜率就是该物质反应中的反应级数。同理，可以得到其他两个物质的反应级数。

碘在可见光区有宽的吸收带，而盐酸、丙酮、碘化丙酮和碘化钾溶液在此吸收带中都没有明显的吸收，因此可以采用分光光度法测量碘浓度的变化。根据朗伯-比尔定律，光线透过碘溶液的光强为 $I$，透过蒸馏水后的光强为 $I_0$，吸光度 $A$ 的计算公式如下：

$$A = -\lg T = -\lg \frac{I}{I_0} = abc_{I_2} \tag{3-95}$$

式中，$T$ 为透光率；$a$ 为吸光系数；$b$ 为样品池光径长度。以 $A$ 对时间 $t$ 作图，斜率 $\dfrac{dA}{dt} = ab\left(\dfrac{dc_{I_2}}{dt}\right) = ab\left(-\dfrac{dc_{I^-}}{dt}\right) = -abr$，由 $a$、$b$ 可计算出反应速率。

若 $c_{丙酮} \approx c_{H^+} \gg c_{I_2}$，则 $A$ 对 $t$ 的关系图为一直线。只有 $-\dfrac{dc_{I^-}}{dt}$ 不随时间而改变时，该

直线关系才能成立。这表明反应速率与碘的浓度无关,即丙酮碘化反应中碘的反应级数为 0。

当控制碘浓度为变量时,因为 $z$ 为 0,且反应过程中丙酮和盐酸的浓度不变,则:

$$c_{I_2,1} - c_{I_2,2} = k c_{\text{丙酮}}^x c_{H^+}^y (t_2 - t_1) \quad (3\text{-}96)$$

由此,可求得反应速率常数 $k$。

## 三、实验仪器与药品

仪器:分光光度计;移液管(5 mL 和 10 mL);容量瓶(25 mL 和 50 mL);比色皿;秒表;等等。

药品:碘溶液($0.005 \text{ mol} \cdot \text{L}^{-1}$ 和 $0.050 \text{ mol} \cdot \text{L}^{-1}$);$2.0 \text{ mol} \cdot \text{L}^{-1}$ 丙酮溶液;$2.0 \text{ mol} \cdot \text{L}^{-1}$ 盐酸溶液。

## 四、实验步骤

1. 打开分光光度计,将波长调至 470 nm。
2. 用蒸馏水作为参比溶液,将分光光度计调零。
3. 用 $0.001 \text{ mol} \cdot \text{L}^{-1}$ 的碘溶液,测定吸光度 $A$,每隔 30 s 读数一次,读 3 次,求得平均值,获得 $ab$。
4. 在比色管中移入一定体积的盐酸和碘溶液,加蒸馏水至 20 mL 左右,再加入一定量丙酮,快速定容至 25 mL,混匀后开始测吸光度随时间的变化值。

按照表 3-26 中各物质用量配制溶液,分别测其吸光度随时间的变化值。

表 3-26 丙酮碘化反应实验方案

| 项目 | 1 | 2 | 3 | 4 | 5 | 6 | 7 |
| --- | --- | --- | --- | --- | --- | --- | --- |
| $V_{\text{盐酸}}$ / mL | 2.5 | 2.5 | 2.5 | 2.5 | 2.5 | 2 | 3 |
| $V_{\text{碘}}$ / mL | 2 | 2.5 | 3 | 2.5 | 2.5 | 2.5 | 2.5 |
| $V_{\text{丙酮}}$ / mL | 2.5 | 2.5 | 2.5 | 2 | 3 | 2.5 | 2.5 |

加入一半碘液开始计时,每隔 1 min 记录一组数据,共记录 5 min。

## 五、数据记录及结果处理

### 1. 丙酮碘化反应数据处理

① $ab$ 的测量数据:根据 $ab = A/c_{I_2}$,计算 $ab$ 值。

② 分别将测得的各组反应液的吸光度 $A$ 对 $t$ 作图,并求得斜率。以该斜率对该组分浓度作双对数图,从其斜率求得反应对各物质的级数 $x$、$y$ 和 $z$。

③ 由②求得的斜率计算反应速率常数:

$$k = \frac{-\text{斜率}}{(ab) c_{\text{丙酮}} c_{H^+}}$$

根据表 3-27 中的文献值,计算实验误差。

表 3-27 丙酮碘化反应速率常数文献值

| 温度/℃ | 0 | 25 | 27 | 35 |
| --- | --- | --- | --- | --- |
| $k/(\text{L} \cdot \text{mol}^{-1} \cdot \text{s}^{-1})$ | 0.000001 | 0.000029 | 0.000036 | 0.000088 |

## 2. 丙酮碘化反应数据记录

（1）$ab$ 值的测定（表 3-28）

表 3-28　$ab$ 值的测定

室温：_____

| 平行测定 | | | |
|---|---|---|---|
| 均值 | | | |
| $ab$ 值 | | | |

（2）系列溶液的吸光度随时间 $t$ 的变化（表 3-29）

表 3-29　吸光度随 $t$ 的变化

| 样品编号 | 吸光度 | | | | |
|---|---|---|---|---|---|
| | 60 s | 120 s | 180 s | 240 s | 300 s |
| 1 | | | | | |
| 2 | | | | | |
| 3 | | | | | |
| 4 | | | | | |
| 5 | | | | | |
| 6 | | | | | |
| 7 | | | | | |

（3）丙酮碘化反应速率常数的测定（表 3-30）

表 3-30　反应速率常数的测定

| 项目 | 1 | 2 | 3 | 4 | 5 | 6 | 7 |
|---|---|---|---|---|---|---|---|
| $A$ 对 $t$ 作图的斜率 | | | | | | | |
| $\lg c_{I_2}$ | | | | | | | |
| $\lg c_{H^+}$ | | | | | | | |
| $\lg c_{丙酮}$ | | | | | | | |
| $\lg [-斜率/(ab)]$ | | | | | | | |
| 速率常数 $k/(L \cdot mol^{-1} \cdot s^{-1})$ | | | | | | | |
| $k$ 的均值 $/(L \cdot mol^{-1} \cdot s^{-1})$ | | | | | | | |

各物质的反应级数：$x =$ _____；$y =$ _____；$z =$ _____。

## 六、实验注意事项

1. 注意将分光光度计波长调节至适合碘溶液吸收的范围。
2. 实验中需注意准确控制丙酮和酸溶液浓度。

## 七、思考题

1. 动力学实验中，正确计时是实验关键。本实验中，从反应物开始混合到开始读数，中间有一段不短的操作时间，这对实验结果有无影响？
2. 测定时如果比色皿中有残存的水，对测定结果会造成什么样的影响？
3. 影响本实验结果的主要因素是什么？
4. 如何正确使用分光光度计？透光率与吸光度有什么不同？如何进行数值转换？

# 实验 19　B-Z 振荡反应

## 一、实验目的

1. 了解 B-Z 振荡反应的反应机理。
2. 通过测定电位-时间曲线求得 B-Z 振荡反应的表观活化能。
3. 了解计算机在化学实验中的应用。

## 二、实验原理

大多数化学反应，反应物和产物的浓度随时间的变化而变化，最终达到正反应速率和逆反应速率相等，反应物和产物的浓度不随时间的变化而改变，此时该化学反应处于平衡态。而某些反应体系中，有些组分的浓度会呈现周期性变化，反应物或者产物的浓度不是一个固定的值，这种现象称为化学振荡。Belousov 和 Zhabotinskii 最先发现并研究了这种类型的反应，后来人们将可呈现化学振荡现象的含溴酸盐的反应系统笼统地称为 B-Z 振荡反应。

研究表明，化学振荡反应的发生必须满足以下 3 个条件：①必须是远离平衡的敞开体系；②反应历程中应含有自催化步骤；③体系必须具有双稳态性，即可在两个稳态间来回振荡。

对于 B-Z 振荡反应机理，人们普遍接受的是由 Field、Koros 和 Noyes 三位学者提出的 FKN 机理。含溴酸盐的化学振荡反应可分为 3 个过程：

过程 A：$Br^- + BrO_3^- + 2H^+ \longrightarrow HBrO_2 + HBrO$

$Br^- + HBrO_2 + H^+ \longrightarrow 2HBrO$

过程 B：$HBrO_2 + BrO_3^- + H^+ \longrightarrow 2BrO_2 \cdot + H_2O$

$BrO_2 \cdot + Ce^{3+} + H^+ \longrightarrow HBrO_2 + Ce^{4+}$

$2HBrO_2 \longrightarrow BrO_3^- + H^+ + HBrO$

过程 C：$4Ce^{4+} + BrCH(COOH)_2 + H_2O + HBrO \longrightarrow 2Br^- + 4Ce^{3+} + 3CO_2 + 6H^+$

过程 A 消耗 $Br^-$，产生能进一步反应的 HBrO 和 $HBrO_2$；过程 B 是一个自催化过程；过程 C 使反应周期进行。

B-Z 振荡实验中 $Br^-$ 和 $Ce^{3+}$ 的浓度发生周期性变化，变化的过程实际上都是氧化还原反应，因而可以设计成电极反应，而电极电势的大小与产生氧化还原物质的浓度有关。以甘汞电极为参比电极，选用 $Br^-$ 选择电极和氧化还原电极构成电池，测定反应过程中电池电动势的变化（如图 3-16），可以表征两种离子的浓度变化。

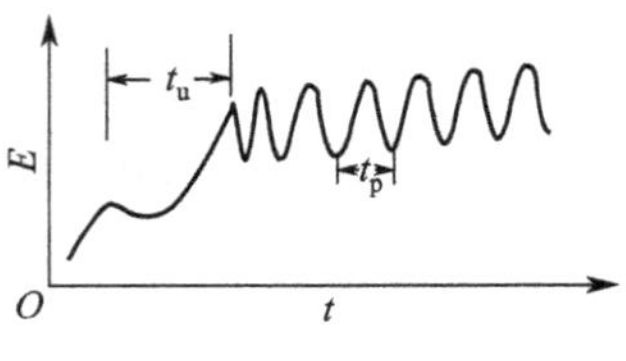

图 3-16　B-Z 振荡反应电动势-时间图

本实验采用饱和甘汞电极为参比电极，铂电极为辅助电极，与溶液中的 $Ce^{3+}$｜$Ce^{4+}$ 构成原电池，电动势计算公式为：

$$E_{Ce^{3+}/Ce^{4+}} = E^{\ominus} - \frac{RT}{zF} \ln \frac{[Ce^{3+}]}{[Ce^{4+}]} \tag{3-97}$$

$$E = E_{Ce^{3+}/Ce^{4+}} - E_{甘汞} \tag{3-98}$$

测定电池电动势随时间的变化曲线，观察 B-Z 振荡反应。测定不同温度下的诱导时间 $t_u$ 和振荡周期 $t_p$，可以研究温度对振荡过程的影响。

诱导时间 $t_u$ 和振荡周期 $t_p$ 与其相应的活化能之间的关系如下：

$$\ln\frac{1}{t_u}=-\frac{E_u}{RT}+C \tag{3-99}$$

$$\ln\frac{1}{t_p}=-\frac{E_p}{RT}+C \tag{3-100}$$

以上公式表明，以 $\ln\frac{1}{t_u}$、$\ln\frac{1}{t_p}$ 对 $1/T$ 作图，可得直线，直线斜率分别为 $-\frac{E_u}{R}$ 和 $-\frac{E_p}{R}$，可由此计算诱导活化能和振荡活化能。

### 三、实验仪器与药品

仪器：计算机；B-Z 振荡实验装置；饱和甘汞电极；铂电极；100 mL 烧杯；10 mL 移液管；15 mL 试管。

药品：3 mol·L$^{-1}$ H$_2$SO$_4$ 硫酸；0.005 mol·L$^{-1}$ 硫酸铈铵溶液；0.2 mol·L$^{-1}$ 溴酸钾；0.4 mol·L$^{-1}$ 丙二酸。

### 四、实验步骤

1. 清洗干净反应器、铂电极、甘汞电极，并吹干。
2. 连接感温探头，将铂电极插入红色电极输入孔、甘汞（硫酸）电极插入黑色电极输入孔。
3. 连接恒温水浴，打开恒温水浴电源开关，将温度设为 25 ℃并打开搅拌。
4. 打开实验装置开关。
5. 打开计算机，打开 B-Z 振荡实验程序。参数设置：①［设置］→［选择串口］→［确定］；②横坐标的单位为 s，不用设极值和零点；③纵坐标的单位为 mV，极值设为 1200 mV，零点设为 800 mV（可根据图形调整）；④"起波阈值"默认为 6 mV；⑤"目标温度"设为 25 ℃。点击［确定］按钮。
6. 当水浴温度到达目标温度，软件出现提示后，用移液管分别取 10 mL 丙二酸、溴酸钾、硫酸溶液放入 100 mL 小烧杯中获得混合液；将混合液倒入反应器中，放入磁子，开磁力搅拌，开始恒温；同时取 10 mL 硫酸铈铵溶液放入试管，置于恒温水浴锅中恒温。5 min 后将硫酸铈铵溶液倒入反应器中，插入电极，同时在软件上按下［开始实验］按钮。
7. 观察反应曲线，待出现 3 个完整波形后，按［停止实验］按钮，保存实验数据。
8. 关闭磁力搅拌，倒出反应器中溶液，将恒温水浴锅温度升高 5 ℃。同时在软件中将"目标温度"升高 5 ℃。当恒温水浴锅温度到达设定温度，重复步骤 6~7，直至 50 ℃。
9. 实验完全结束后，关闭恒温水浴锅、B-Z 振荡实验装置和电脑电源，倒掉反应器中溶液，先用自来水清洗再用蒸馏水洗净，擦干。电极用蒸馏水洗净，用滤纸吸干水。将实验数据打印。

### 五、数据记录及结果处理

**1. B-Z 振荡反应数据处理**

① 在打印出的数据图形中读取 6 个温度下的诱导时间 $t_u$ 和振荡周期 $t_p$（单位：s）以

及准确的反应温度（单位：K）。

② 以 $\ln\frac{1}{t_u}$、$\ln\frac{1}{t_p}$ 分别对 $1/T$ 作图，进行直线拟合。

③ 根据活化能＝拟合斜率×（－8.314），求得诱导活化能 $E_u$ 和振荡活化能 $E_p$（振荡活化能参考值为 50 kJ·mol$^{-1}$）。

2. B-Z 振荡反应数据记录（表 3-31）

表 3-31 数据记录表

| 项目 | 25 ℃ | 30 ℃ | 35 ℃ | 40 ℃ | 45 ℃ | 50 ℃ |
|---|---|---|---|---|---|---|
| $t_u/s$ | | | | | | |
| $t_p/s$ | | | | | | |
| $1/T$ | | | | | | |
| $\ln\dfrac{1}{t_u}$ | | | | | | |
| $\ln\dfrac{1}{t_p}$ | | | | | | |

## 六、实验注意事项

1. 注意检查甘汞电极中溶液的量。
2. 每次实验完毕后必须将所有用具如电极、烧杯等用蒸馏水洗干净。

## 七、思考题

1. 影响诱导期、振荡周期及振荡寿命的因素有哪些？
2. 为什么在实验过程中应尽量使搅拌子的位置和转速保持一致？
3. 说明 B-Z 振荡反应的本质。

## 实验 20　分光光度法测定蔗糖酶的米氏常数

### 一、实验目的

1. 掌握用分光光度法测定蔗糖酶的米氏常数 $K_M$ 和最大反应速率 $v_{\max}$ 的方法。
2. 了解底物浓度与酶反应速率之间的关系。
3. 掌握分光光度计的使用方法。

### 二、实验原理

酶反应速率与底物浓度、酶浓度、温度及 pH 等因素有关，因此在实验中必须严格控制这些条件。在酶催化反应中，底物浓度远远超过酶浓度，在指定实验条件下，酶的浓度一定时，总的反应速率随底物浓度的增加而增加，直至底物过剩，此时底物浓度进一步增加就不再影响反应速率，反应速率达到最大，以 $v_{\max}$ 表示，如图 3-17 所示。图中 $v$ 为反应速度，$c_s$ 为底物浓度。在反应达到最大速率 $v_{\max}$ 之前的速率，一般称为反应初始速率。

米氏方程直接给出了酶反应速率和底物浓度的关系。

$$v = \frac{v_{\max} c_s}{K_M + c_s} \tag{3-101}$$

式中，$K_M$ 为米氏常数。在确定的实验条件下，每一种酶的反应都有其特定的 $K_M$ 值，它与酶的浓度没有关系，因此 $K_M$ 对研究酶反应动力学有重要的意义。$K_M$ 是反应速率达到最大反应速率一半时的底物浓度，此时 $K_M = c_s$。测出不同底物浓度下的反应速率，通过作图法得到最大反应速率 $v_{\max}$，在 $\dfrac{v_{\max}}{2}$ 处可以求出 $K_M$ 的近似值。

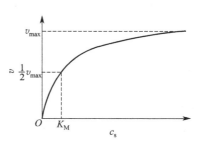

图 3-17　酶反应速率与底物浓度的关系

将米氏方程取倒数，得：

$$\frac{1}{v} = \frac{K_M}{v_{\max}} \times \frac{1}{c_s} + \frac{1}{v_{\max}} \tag{3-102}$$

显而易见，$\dfrac{1}{v}$ 和 $\dfrac{1}{c_s}$ 呈线性相关，直线拟合斜率为 $\dfrac{K_M}{v_{\max}}$，截距为 $\dfrac{1}{v_{\max}}$。当 $\dfrac{1}{v}=0$ 时，$\dfrac{1}{c_s}=-\dfrac{1}{K_M}$。

本实验使用的蔗糖酶属于一种水解酶，可以将蔗糖水解为葡萄糖和果糖。

$$\text{蔗糖} + H_2O \xrightarrow{\text{蔗糖酶}} \text{葡萄糖} + \text{果糖}$$

蔗糖酶水解蔗糖的反应速率可以用单位时间内葡萄糖浓度的增加来表示。葡萄糖属于一种还原糖，与 3,5-二硝基水杨酸共热（100 ℃）后会被还原成棕红色的氨基化合物。在一定的浓度范围内，葡萄糖的量和氨基化合物颜色的深浅程度成正比。因此可以通过分光光度法测定单位时间内生成葡萄糖的量，用以计算反应速率。针对不同蔗糖浓度 $c$ 相应的反应速率 $v$，以 $1/v$ 对 $1/c$ 作图，进行直线拟合，根据截距和斜率计算米氏常数 $K_M$。

### 三、实验仪器与药品

仪器：离心机；恒温槽；分光光度计；1 mL 移液管；2 mL 移液管；50 mL 容量瓶；

1.0 cm×10 cm 试管。

药品：0.1 mol·L$^{-1}$ 乙酸缓冲溶液；0.1 mol·L$^{-1}$ 蔗糖溶液；0.1%葡萄糖溶液（1 mg·mL$^{-1}$）；1 mol·L$^{-1}$ NaOH 溶液。

预制蔗糖酶溶液：在 100 mL 锥形瓶中加入 20 g 鲜酵母和 1.6 g 乙酸钠，搅拌 30 min 后使团块溶化，再加 3 mL 甲苯，用软木塞将瓶口塞住，摇动 15 min，放入 37 ℃的恒温箱中保温 60 h；取出后加 3.2 mL 4 mol·L$^{-1}$ 乙酸和 10 mL 蒸馏水，使 pH≈4.5；混合物以 3000 r·min$^{-1}$ 转速离心 30 min；离心后混合物形成 3 层，将中间层移出注入试管，即为粗制酶液；此粗制酶液在 20 ℃下，可使得 1 mL 蔗糖溶液（质量分数为 2.5%）在 3 min 内释放出 2~5 mg 还原糖。

3,5-二硝基水杨酸（DNS）试剂：取 3.15 g DNS 试剂和 131 mL 2 mol·L$^{-1}$ NaOH 加入酒石酸钾钠的热溶液（91 g 酒石酸钾钠溶于 250 mL 蒸馏水中）中，再加 2.5 g 重蒸酚和 2.5 g 亚硫酸钠，微热搅拌溶解，冷却后加蒸馏水定容到 500 mL，储于棕色瓶中备用。

### 四、实验步骤

1. 取 9 个 50 mL 容量瓶，分别精确移取 5.0 mL、10.0 mL、15.0 mL、20.0 mL、25.0 mL、30.0 mL、35.0 mL、40.0 mL、45.0 mL 0.1%葡萄糖溶液，用蒸馏水定容至 50 mL，得到浓度为 100 μg·mL$^{-1}$、200 μg·mL$^{-1}$、300 μg·mL$^{-1}$、400 μg·mL$^{-1}$、500 μg·mL$^{-1}$、600 μg·mL$^{-1}$、700 μg·mL$^{-1}$、800 μg·mL$^{-1}$、900 μg·mL$^{-1}$ 的葡萄糖溶液。取 10 支试管，在 9 支试管内分别移取上述不同浓度的葡萄糖溶液 1.0 mL，第 10 支试管加入 1.0 mL 蒸馏水。每支试管中加入 1.5 mL DNS 试剂并摇匀。将试管置于沸水浴加热 5 min，取出后用冷水冷却到室温，每支试管内再加入 2.5 mL 蒸馏水，摇匀。用分光光度计测定溶液 540 nm 处的吸光度 $A$。以 $A$ 对葡萄糖浓度作图，得到葡萄糖标准曲线。

2. 取 9 支试管，分别加入 0 mL、0.1 mL、0.2 mL、0.3 mL、0.4 mL、0.5 mL、0.6 mL、0.7 mL、0.8 mL 0.1 mol·L$^{-1}$ 蔗糖溶液，用 0.1 mol·L$^{-1}$ 乙酸缓冲溶液（pH=4.6）将试管中溶液总体积补至 2 mL，将试管置于 35 ℃水浴中预热。将预制蔗糖酶液放在 35 ℃恒温槽水浴中 10 min，向试管中加入酶液 2.0 mL，准确反应 5 min 后，再加入 0.5 mL NaOH 溶液，摇匀，终止反应。测定时，在 25 mL 比色管中加入 1.5 mL DNS 试剂后加入 0.5 mL 反应液，再加入 1.5 mL 蒸馏水，在沸水浴中加热 5 min 后用冷水冷却至室温，然后添加蒸馏水至 25 mL，摇匀。用分光光度计测定 540 nm 处的吸光度。

### 五、数据记录及结果处理

**1. 葡萄糖标准曲线制作实验数据**

① 将数据填入表 3-32。

表 3-32　葡萄糖标准曲线制作的实验数据表

| 葡萄糖浓度/(μg·mL$^{-1}$) | 吸光度 | 葡萄糖浓度/(μg·mL$^{-1}$) | 吸光度 |
| --- | --- | --- | --- |
| 0 |  | 500 |  |
| 100 |  | 600 |  |
| 200 |  | 700 |  |
| 300 |  | 800 |  |
| 400 |  | 900 |  |

② 以葡萄糖浓度对吸光度作图,进行直线拟合,得到的拟合方程即为葡萄糖标准曲线。

**2. 蔗糖酶米氏常数 $K_M$ 测定实验数据**

将数据填入表 3-33。

表 3-33　米氏常数测定实验数据

| 序号 | 吸光度 $A$ | 蔗糖浓度 $c_s$/(μg·mL$^{-1}$) | 反应速率 $v$/(μg·mL$^{-1}$·min$^{-1}$) | $1/c_s$ | $1/v$ |
|---|---|---|---|---|---|
| 1 | | | | | |
| 2 | | | | | |
| 3 | | | | | |
| 4 | | | | | |
| 5 | | | | | |
| 6 | | | | | |
| 7 | | | | | |
| 8 | | | | | |
| 9 | | | | | |
| $1/v$ 对 $1/c_s$ 的拟合直线方程 | | | | | |
| $K_M$/(μg·mL$^{-1}$) | | | $K_M$/(mol·L$^{-1}$) | | |
| $v_{max}$/(μg·mL$^{-1}$) | | | $K_M$ 相对误差/% | | |

## 六、实验注意事项

1. 当底物浓度很小时,反应体系为一级反应;当底物浓度增加到一定数值时,反应级数接近零级。本实验的底物浓度应选择适当,使反应在初始阶段进行。

2. 本实验可以提前制作好标准曲线和酶液。

## 七、思考题

1. 试解释采用初始速率法测定酶的米氏常数的原因。
2. 讨论底物浓度、反应温度和酸度对米氏常数测定的影响。

## 八、附注

某些酶的 $K_M$ 理论值见表 3-34。

表 3-34　一些酶的 $K_M$ 理论值

| 酶 | 反应物 | $K_M$ 理论值/(mol·L$^{-1}$) |
|---|---|---|
| 麦芽糖酶 | 麦芽糖 | 0.21 |
| 蔗糖酶 | 蔗糖 | 0.28 |
| 磷酸酯酶 | 磷酸甘油 | <0.0030 |
| 乳酸脱氢酶 | 丙酮酸 | 0.000035 |
| 琥珀酸脱氢酶 | 琥珀酸 | 0.00000050 |

## 实验 21  核磁共振法测定丙酮酸水合反应的速率常数

### 一、实验目的

1. 掌握利用核磁共振法测定丙酮酸水合反应速率常数和平衡常数的原理和方法。
2. 了解核磁共振法的基本原理。
3. 了解核磁共振仪的构造及操作。

### 二、实验原理

丙酮酸在酸性水溶液中可水合生成 2,2-二羟基丙酸。

$$CH_3\overset{O}{\underset{\|}{C}}-COOH + 3H_2O \underset{k'_r}{\overset{k'_f}{\rightleftharpoons}} H_3C-\overset{OH\cdots OH_2}{\underset{OH\cdots OH_2}{C}}-COOH$$

此反应是一个酸催化的可逆反应，正反应速率 $v_f$ 和逆反应速率 $v_r$ 可分别表示为：

$$v_f = k'_f c_{酮} = k_f c_{酮} c_{H^+} \tag{3-103}$$

$$v_r = k'_r c_{醇} = k_r c_{醇} c_{H^+} \tag{3-104}$$

式中，$k'_f$ 为正反应表观速率常数；$k'_r$ 为逆反应表观速率常数；$k_f$ 为正反应速率常数；$k_r$ 为逆反应速率常数；$c_{酮}$ 为丙酮酸浓度；$c_{醇}$ 为 2,2-二羟基丙酸浓度；$c_{H^+}$ 为氢离子浓度。$k_f c_{H^+}$ 和 $k_r c_{H^+}$ 的量纲为时间的倒数，可分别用 $1/\tau_f$ 和 $1/\tau_r$ 表示。

反应平衡常数为：

$$K = \frac{c_{醇}}{c_{酮}} = \frac{k_f}{k_r} \tag{3-105}$$

丙酮酸在 $\delta = 2.60$ 处有 —$CH_3$ 质子峰，在 $\delta = 8.55$ 处有 —OH 质子峰。水合反应后 NMR 谱在 $\delta = 1.75$ 处出现 2,2-二羟基丙酸 —$CH_3$ 质子峰，在 $\delta = 2.66$ 处有丙酮酸 —$CH_3$ 质子峰，在 $\delta = 5.48$ 处有羧基、羟基、水的混合质子峰。

当反应液的氢离子浓度发生变化时，1.75 和 2.66 处的质子峰随氢离子浓度增加而变宽，但面积减小。这是由于快速反应过程中核磁共振能级是不确定的，可以用不确定性原理表示为：

$$\Delta(\Delta E) \cdot \Delta t = \Delta(\Delta E) \Delta \tau \approx \hbar \tag{3-106}$$

$\Delta(\Delta E)$ 随 $\tau$ 的增大而减小，在较宽的磁场范围内都能实现能级跃迁，使吸收峰变宽。除此以外，反应越快，发生能级跃迁的可能性越小，峰面积也随之变小。

将 $\Delta E = h\nu$ 代入公式可得：

$$\Delta(\Delta E) = h \Delta \nu = h \frac{\Delta W}{2\pi} = \hbar \Delta W \tag{3-107}$$

式中，$h = 6.626 \times 10^{-34}$ J·s，为普朗克常数；$\nu$ 为发生共振时吸收外磁场强度 $B_0$ 折算出的频率；$\Delta W = 2\pi \Delta \nu$，为半峰宽。

显而易见，$\Delta W$ 与 $\tau$ 成反比。因为 NMR 存在弛豫现象，没有发生化学反应的 NMR 谱图有固定的峰宽 $1/T$，修正后存在：

$$\frac{\Delta W}{2}=\frac{1}{T}+\frac{1}{\tau} \tag{3-108}$$

对于本实验的反应体系,正、逆反应分别存在:

$$\frac{\Delta W_{\mathrm{f}}}{2}=\frac{1}{T_{\mathrm{f}}}+k_{\mathrm{f}}c_{\mathrm{H}^{+}} \tag{3-109}$$

$$\frac{\Delta W_{\mathrm{r}}}{2}=\frac{1}{T_{\mathrm{r}}}+k_{\mathrm{r}}c_{\mathrm{H}^{+}} \tag{3-110}$$

可见,$\frac{\Delta W_{\mathrm{f}}}{2}$和$\frac{\Delta W_{\mathrm{r}}}{2}$与$c_{\mathrm{H}^{+}}$呈线性相关,斜率分别是$k_{\mathrm{f}}$和$k_{\mathrm{r}}$,截距分别是$\frac{1}{T_{\mathrm{f}}}$和$\frac{1}{T_{\mathrm{r}}}$。从NMR谱图上直接读出两个化合物的质子峰的半峰宽$\Delta W_{\mathrm{f}}$和$\Delta W_{\mathrm{r}}$,进而求出$\frac{\Delta W_{\mathrm{f}}}{2}$和$\frac{\Delta W_{\mathrm{r}}}{2}$。分别以$\frac{\Delta W_{\mathrm{f}}}{2}$和$\frac{\Delta W_{\mathrm{r}}}{2}$对$c_{\mathrm{H}^{+}}$作图,进行直线拟合,求出$k_{\mathrm{f}}$、$k_{\mathrm{r}}$、$\frac{1}{T_{\mathrm{f}}}$、$\frac{1}{T_{\mathrm{r}}}$,进而求出$k'_{\mathrm{f}}$和$k'_{\mathrm{r}}$。

除此之外,可以根据 NMR 谱图上 2,2-二羟基丙酸和丙酮酸的—$CH_3$质子峰面积求出反应平衡常数。

$$K=\frac{c_{醇}}{c_{酮}}=\frac{S_{醇}}{S_{酮}} \tag{3-111}$$

### 三、实验仪器与药品

仪器:核磁共振仪;10 mL 容量瓶;等等。

药品:四甲基硅烷(TMS);10 mol·L$^{-1}$ 丙酮酸溶液;5 mol·L$^{-1}$ 盐酸溶液。

### 四、实验步骤

1. 配制丙酮酸溶液:取 6 个 10 mL 容量瓶,每个容量瓶中精确移取 2.5 mL 10 mol·L$^{-1}$ 丙酮酸溶液,各容量瓶中分别精确加入 0 mL、0.5 mL、1 mL、1.5 mL、2 mL、2.5 mL 5 mol·L$^{-1}$ 盐酸,用蒸馏水定容至 10 mL,样品分别记为 1~6。

2. 设定 NMR 仪测量条件:谱宽,10;脉冲间隔,6 s;数据点,8 k;90°脉宽,20 μs;采样次数,2。

3. 收集各丙酮酸溶液的 NMR 谱图。

### 五、数据记录及结果处理

将实验相关数据填入表 3-35。

表 3-35 实验数据表

| 项目 | 1 | 2 | 3 | 4 | 5 | 6 |
|---|---|---|---|---|---|---|
| 1.75 处半峰宽 $\Delta W_{\mathrm{r}}$ | | | | | | |
| 2.66 处半峰宽 $\Delta W_{\mathrm{f}}$ | | | | | | |
| $\frac{\Delta W_{\mathrm{f}}}{2}$ | | | | | | |
| $\frac{\Delta W_{\mathrm{r}}}{2}$ | | | | | | |

续表

| 项目 | 1 | 2 | 3 | 4 | 5 | 6 |
|---|---|---|---|---|---|---|
| $H^+$ 浓度/(mol·$L^{-1}$) | 0.00 | 0.25 | 0.50 | 0.75 | 1.00 | 1.25 |
| $\frac{\Delta W_f}{2}$ 对 $H^+$ 直线拟合方程 | | | $k_f$ | | $T_f$ | |
| $\frac{\Delta W_r}{2}$ 对 $H^+$ 直线拟合方程 | | | $k_r$ | | $T_r$ | |
| $\tau_f$ | | | | | | |
| $\tau_r$ | | | | | | |
| $k'_f$ | | | | | | |
| $k'_r$ | | | | | | |
| $K'=\dfrac{k'_f}{k'_r}$ | | | | | | |
| 1.75 处峰面积 $S_{醇}$ | | | | | | |
| 2.63 处峰面积 $S_{酮}$ | | | | | | |
| $K=\dfrac{S_{醇}}{S_{酮}}$ | | | | | | |
| $K$ 与 $K'$ 的相对偏差/% | | | | | | |

## 六、思考题

1. 试讨论丙酮酸浓度对实验结果的影响。
2. 试讨论影响实验结果的因素。

## 七、附注

不同温度下丙酮酸水合反应的速率常数及平衡常数见表 3-36。

**表 3-36　不同温度下丙酮酸水合反应的速率常数及平衡常数**

| $t/℃$ | $k_f/(L·mol^{-1}·s^{-1})$ | $k_r/(L·mol^{-1}·s^{-1})$ | $K$ |
|---|---|---|---|
| 24 | 5.61 | 8.71 | 0.64 |
| 36 | 7.80 | 12.8 | 0.61 |
| 37.5 | 8.31 | — | — |

## 实验 22　比色法研究甲基紫反应动力学

### 一、实验目的

1. 掌握隔离法测定双分子反应级数和速率常数的原理。
2. 学习用分光光度计测定显色物质的瞬时浓度。
3. 熟悉盐效应对反应速率常数的影响。

### 二、实验原理

甲基紫（methyl violet，MV）是离子型的有机染料，其阳离子 $MV^+$ 呈紫色，与氢氧根反应得无色产物 MVOH。

$$MV^+ + OH^- \Longrightarrow MVOH$$

实验证明此反应为双分子基元反应，反应速率方程的形式为：

$$v = -\frac{d[MV^+]}{dt} = k_2[OH^-][MV^+] \tag{3-112}$$

可以通过分光光度法测定系统吸光度的变化来计算双分子反应的速率常数。为了简化反应速率方程的形式，可使一种反应物的浓度远远大于另一个反应物的浓度（隔离法），这样就可认为浓度大的反应物在反应过程中浓度基本不变，从而将二级反应降为一级反应。当氢氧根浓度远远大于甲基紫浓度时，反应方程式简化为：

$$v = -\frac{d[MV^+]}{dt} = k_2[OH^-][MV^+] = k_{sp}[MV^+] \tag{3-113}$$

其中，$k_{sp} = k_2[OH^-]$，反应方程式的积分形式为：

$$\ln\frac{[MV^+]_0}{[MV^+]_t} = \ln[MV^+]_0 - \ln[MV^+]_t = k_{sp}t \tag{3-114}$$

式中，$[MV^+]_0$ 为甲基紫的初始浓度，$[MV^+]_t$ 为反应 $t$ 时刻时甲基紫的浓度。显而易见，$\ln[MV^+]_t$ 与 $t$ 线性相关，斜率为 $-k_{sp}$。

若氢氧根的反应级数未知，则 $k_{sp} = k_2[OH^-]^n$。测出两个不同氢氧根浓度下的反应速率常数 $k'_{sp}$ 和 $k''_{sp}$，得到两个方程：

$$k'_{sp} = k_2[OH^-]'^n \tag{3-115}$$

$$k''_{sp} = k_2[OH^-]''^n \tag{3-116}$$

联合两个方程可解出 $k_2$ 和 $n$。

### 三、实验仪器与药品

仪器：分光光度计；50 mL 容量瓶；秒表；10 mL 移液管；100 mL 烧杯。

药品：30 mg·L$^{-1}$ 甲基紫溶液；0.1 mol·L$^{-1}$ 氢氧化钠溶液。

### 四、实验步骤

1. 绘制甲基紫标准曲线：取 5 个 50 mL 容量瓶，在各容量瓶中分别精确移入 1 mL、2 mL、3 mL、4 mL、5 mL 甲基紫溶液，用蒸馏水定容，配制浓度为 0.6 mg·L$^{-1}$、1.2 mg·L$^{-1}$、1.8

$mg \cdot L^{-1}$、$2.4\ mg \cdot L^{-1}$、$3.0\ mg \cdot L^{-1}$ 的系列甲基紫溶液，然后测每个溶液的吸光度。以吸光度对浓度作图，并进行直线拟合得到标准曲线（曲线应过零点）。

2. 取 2 个 50 mL 容量瓶，1 个容量瓶中精确移入 10 mL 甲基紫溶液，用蒸馏水定容；另 1 个容量瓶中精确移入 5 mL 氢氧化钠溶液，用蒸馏水定容。定容后将两个容量瓶中的溶液倒入烧杯中混合均匀，同时开始计时。用分光光度计每隔 5 min 记录 1 次吸光度，记录 30 min。

3. 用 10 mL 甲基紫溶液和 10 mL 氢氧化钠溶液重复步骤 2。

## 五、数据记录及结果处理

### 1. 甲基紫标准曲线实验数据（表 3-37）

表 3-37　甲基紫标准曲线实验数据

| 甲基紫浓度/($mg \cdot L^{-1}$) | 0.6 | 1.2 | 1.8 | 2.4 | 3.0 |
|---|---|---|---|---|---|
| 吸光度 | | | | | |
| 标准曲线 | | | | | |

### 2. 甲基紫反应动力学实验数据（表 3-38）

表 3-38　甲基紫反应动力学数据

室温：＿＿＿＿＿＿

| 10 mL 甲基紫溶液和 5 mL 氢氧化钠溶液 | | | | | |
|---|---|---|---|---|---|
| $t$/min | 5 | 10 | 15 | 20 | 25 | 30 |
| 吸光度 | | | | | | |
| $\ln[MV^+]_t$ 对 $t$ 直线拟合方程 | | | | | | |
| 直线拟合 $R^2$ 值 | | $k'_{sp}$ | | | | |
| 10 mL 甲基紫溶液和 10 mL 氢氧化钠溶液 | | | | | | |
| $t$/min | 5 | 10 | 15 | 20 | 25 | 30 |
| 吸光度 | | | | | | |
| $\ln[MV^+]_t$ 对 $t$ 直线拟合方程 | | | | | | |
| 直线拟合 $R^2$ 值 | | $k''_{sp}$ | | | | |
| $R_2$ | | $n$ | | | | |

## 六、思考题

1. 试解释准级反应。
2. 试阐述隔离法测定反应级数的原理。
3. 测定反应级数的方法有哪些？

## 3.4 表面与胶体化学部分

### 实验 23 最大泡压法测定溶液的表面张力

#### 一、实验目的

1. 理解表面张力、表面 Gibbs 自由能的定义，了解表面张力与吸附的关系。
2. 掌握最大泡压法测定表面张力的原理和技术。
3. 掌握用作图法计算不同浓度下正丁醇溶液的表面吸附量并计算正丁醇分子截面积和饱和吸附分子层厚度。

#### 二、实验原理

**1. 表面张力和表面热力学基本公式**

气-液界面由于密度不同，界面层分子受液体内部分子的吸引力远大于外部蒸气分子对它的吸引力，表面层分子受到向内的拉力而导致表面积趋于最小（球形），体现为界面上存在张力，这种张力叫作表面张力，用 $\gamma$ 表示，单位为 $N \cdot m^{-1}$。当表面积增大时，就需要反抗表面张力做功，在 $T$、$p$ 及组成不变的条件下，对系统做的功 $\delta W$ 等于在这个过程中体系自由能的增加 $dG_{T,p}$ 即：

$$dG = \delta W = \gamma dA_s \tag{3-117}$$

当考虑表面功时，热力学基本公式如下：

$$dU = TdS - pdV + \gamma dA_s + \sum_B \mu_B dn_B \tag{3-118}$$

$$dH = TdS + Vdp + \gamma dA_s + \sum_B \mu_B dn_B \tag{3-119}$$

$$dA = -SdT - pdV + \gamma dA_s + \sum_B \mu_B dn_B \tag{3-120}$$

$$dG = -SdT - Vdp + \gamma dA_s + \sum_B \mu_B dn_B \tag{3-121}$$

$$\gamma = \left(\frac{\partial G}{\partial A_s}\right)_{T,p,n_B} = \left(\frac{\partial F}{\partial A_s}\right)_{T,V,n_B} = \left(\frac{\partial H}{\partial A_s}\right)_{S,p,n_B} = \left(\frac{\partial U}{\partial A_s}\right)_{S,V,n_B} \tag{3-122}$$

可知 $\gamma$ 是在等温、等压及体系的组成不变时，增加单位表面积而引起体系的吉布斯自由能的增加值，所以又可称为比表面吉布斯自由能（单位：$J \cdot m^{-2}$）。

**2. 表面吸附**

液体会用增加表面积和降低表面张力的方法来降低体系的吉布斯自由能，当有机物质溶于水中之后，有机分子的憎水部分有向表面逃逸的趋势，其结果是有机物在表面的浓度要大于在体相的浓度，并且由于有机物在表面的富集，改变了液体的表面状态，把水的表面变成了近似有机的表面，分子之间的作用力的减小，因此液体的表面张力降低。无机物进入溶液后会发生相反的情况。

表面化学中把溶液的表面溶质的浓度和体相不同的现象叫作表面吸附，定义表面溶质的浓度大于体相浓度时发生了正吸附，反之发生了负吸附。

吉布斯用热力学方法推导得出了定温下溶液的浓度、表面张力和吸附量之间的定量关系：

$$\Gamma_2 = -\frac{\alpha_2}{RT} \times \frac{d\gamma}{d\alpha_2} \tag{3-123}$$

式中，$\alpha_2$ 为溶质的活度；$\gamma$ 为溶液的表面张力；$\Gamma_2$ 为单位面积上的表面吸附量（或表面超量）。

表面过剩吸附量：单位面积的溶液表面所含的溶质的物质的量比在体相中相同量的溶剂所含的溶质的物质的量的超出值。

### 3. 表面张力与溶液浓度的关系

① 无机酸、碱和盐的加入会使表面张力升高，并且溶质在表面的浓度小于在溶液中的浓度。

$$\frac{d\gamma}{dc} > 0 \tag{3-124}$$

② 可溶性有机物的加入会使表面张力下降，并且溶质在表面的浓度小于在溶液本体的浓度。

$$\frac{d\gamma}{dc} < 0 \tag{3-125}$$

③ 具有碳原子数大于 8 的含碳氢链且具有憎水及亲水基团的不对称的有机物的加入会极大地降低溶液的表面张力，而且这些物质可以在溶液的表面富集。这种物质称为表面活性剂。

$\Gamma$ 可由图 3-18 表面张力与浓度的关系图得到。

温度为 $T$ 时，表面吸附量与浓度的关系用 Langmuir 吸附等温方程式表示：

$$\theta = \frac{\Gamma}{\Gamma_\infty} = \frac{Kc}{1+Kc} \tag{3-126}$$

式中，$\Gamma_\infty$ 为饱和吸附量；$K$ 为常数；$\theta$ 为表面覆盖率。由上式可得：

$$\frac{c}{\Gamma} = \frac{c}{\Gamma_\infty} + \frac{1}{K\Gamma_\infty} \tag{3-127}$$

以 $c/\Gamma$ 对 $c$ 作图为一条直线，其斜率的倒数为 $\Gamma_\infty$。

$1\ m^2$ 表面上溶质的分子数用 $N$ 表示，$L$ 表示阿伏伽德罗常数，则 $N = \Gamma_\infty L$，可得每个溶质分子横截面积为：

$$\sigma_B = \frac{1}{\Gamma_\infty L} \tag{3-128}$$

### 4. 最大泡压法

测定表面张力的方法有最大泡压法、拉环法、张力计法等，在本实验中，采用最大泡压法来测定液体的表面张力。装置图如图 3-19。

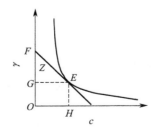

图 3-18 表面张力与浓度的关系图

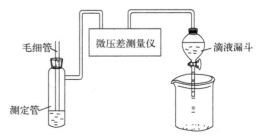

图 3-19 测定表面张力装置示意图

当毛细管端面与液面相切时，液面沿毛细管上升至一定高度。打开滴液漏斗缓慢抽气，此时，由于毛细管液面所受压力大于测定管液面压力，有压力差产生，此压力差称为附加压力。

$$\Delta p = p_{大气} - p_{系统}$$

当在毛细管端面上产生的作用力稍大于毛细管口液体的表面张力时，毛细管液面不断下降，气泡就从毛细管口脱出。当气泡的曲率半径与毛细管半径相等时，此时的压差最大，根据杨-拉普拉斯公式，此压差 $\Delta p_{max}$ 可用下式计算：

$$\Delta p_{max} = p_0 - p_r = \frac{2\gamma}{r} \tag{3-129}$$

在实验中，如果使用同一支毛细管和压力计，则可以用已知表面张力的液体作为标准，分别测定它们的最大附加压力后，通过对比计算得到其他未知液体的表面张力，公式如下：

$$\gamma_1 = \frac{r}{2}\Delta p_1$$

$$\gamma_2 = \frac{r}{2}\Delta p_2$$

$$\frac{\gamma_1}{\gamma_2} = \frac{\Delta p_1}{\Delta p_2} \tag{3-130}$$

$$\gamma_1 = \gamma_2 \frac{\Delta p_1}{\Delta p_2} = K'\Delta p_1 \tag{3-131}$$

$K'$ 为毛细管常数，用已知表面张力的物质确定。

### 三、实验仪器与药品

仪器：表面张力仪；电子天平；滴管；烧杯；数字式微压差测量仪。

药品：蒸馏水；乙醇（AR）。

### 四、实验步骤

1. 记录实验室室温。
2. 记录标准乙醇溶液浓度。
3. 粗配 5%、10%、15%、20%、25%、30%、35%、40%的乙醇溶液。方法如下：先称瓶子，再放入水，最后放入乙醇。
4. 测粗配溶液和标准溶液的折射率。
5. 测定管中注入蒸馏水，使管内液面刚好和毛细管口相切，注意毛细管保持垂直并注意液面位置。压力仪开电源，复零，慢慢打开抽气瓶活塞，使气泡冒出速率为每分钟 8~12 个，记录数字式微压差测量仪测得的最大瞬间压差，读 3 次，取平均值。
6. 按照步骤 5 分别测量不同浓度的乙醇溶液，从稀到浓，记录结果。

### 五、数据记录及结果处理

**1. 最大泡压法测定溶液的表面张力数据处理**

① 设计测定不同浓度正丁醇表面张力的实验方案。
② 根据标准乙醇溶液浓度、标准溶液折射率，作乙醇浓度-折射率工作曲线。

③ 根据②的工作曲线和粗配乙醇溶液的折射率，计算得到各粗配乙醇溶液的准确浓度。
④ 根据记录的室温，查表 3-39，得室温下水的表面张力。利用蒸馏水的 $\Delta p_水$ 计算毛细管常数 ($K'=\gamma_水/\Delta p_水$)。

表 3-39　不同温度下水的表面张力

| $T/℃$ | $\gamma/(mN \cdot m^{-1})$ | $T/℃$ | $\gamma/(mN \cdot m^{-1})$ | $T/℃$ | $\gamma/(mN \cdot m^{-1})$ |
| --- | --- | --- | --- | --- | --- |
| 10 | 74.22 | 17 | 73.19 | 24 | 72.13 |
| 11 | 74.07 | 18 | 73.05 | 25 | 71.97 |
| 12 | 73.93 | 19 | 72.90 | 26 | 71.82 |
| 13 | 73.78 | 20 | 72.75 | 27 | 71.66 |
| 14 | 73.64 | 21 | 72.59 | 28 | 71.50 |
| 15 | 73.49 | 22 | 72.44 | 29 | 71.35 |
| 16 | 73.34 | 23 | 72.28 | 30 | 71.18 |

⑤ 计算各浓度的 $\gamma$ 值，$\gamma = K'p$。
⑥ 作 $\gamma$-$c$ 曲线，对曲线进行拟合（可选择指数拟合、多项式拟合等），根据拟合公式求一阶导，得曲线各点斜率。
⑦ 求表面吸附量 $\Gamma$。
⑧ 作 $c/\Gamma$-$c$ 图，由直线斜率求 $\Gamma_\infty$，计算每个溶质分子的横截面积 $\sigma_B$。

**2. 最大泡压法测定溶液的表面张力数据记录（表 3-40）**

表 3-40　数据记录表

| 室温/℃ | | | | | | 室温下水的表面张力/$(10^{-3}N \cdot m^{-1})$ | | | |
| --- | --- | --- | --- | --- | --- | --- | --- | --- | --- |
| 标准溶液的浓度/$(mol \cdot L^{-1})$ | | | | | | | | | |
| 标准溶液的折射率 | | | | | | | | | |
| 标准溶液的工作曲线 | | | | | | | | | |
| 蒸馏水的压差/kPa | | | | | | 毛细管常数/m | | | |
| 溶液的体积浓度/% | 5 | 10 | 15 | 20 | 25 | 30 | 35 | 40 | |
| 粗配溶液的折射率 | | | | | | | | | |
| 粗配溶液的浓度/$(mol \cdot L^{-1})$ | | | | | | | | | |
| 粗配溶液的压差/kPa | | | | | | | | | |
| 粗配溶液表面张力/$(N \cdot m^{-1})$ | | | | | | | | | |
| $\gamma$-$c$ 图拟合曲线方程 | | | | | | | | | |
| $\gamma$-$c$ 各点斜率 | | | | | | | | | |
| $\Gamma$ | | | | | | | | | |
| $c/\Gamma$ | | | | | | | | | |
| $c/\Gamma$-$c$ 图直线拟合方程 | | | | | | | | | |
| $\Gamma_\infty$ | | | | | | 分子截面积/$m^2$ | | | |

## 六、实验注意事项

1. 仪器系统不能漏气。
2. 测定时，待测液浓度要按由稀到浓的顺序测定。
3. 测定用的表面张力仪要清洁，尤其是毛细管部分一定要干净；使用时，毛细管应保持垂直，其管口刚好与液面相切，否则气泡不能连续逸出，压力计的读数不稳定，且影响溶液的表面张力。

4. 读取压力计的压差时，应取气泡单个逸出时的最大压力差。
5. 注意每次测量前将毛细管中的溶液用洗耳球吹掉，多吹几次。

### 七、思考题

1. 在测量中，如果抽气速率过快，对测量结果有何影响？
2. 是否可以将毛细管末端插入溶液内部进行测量？为什么？
3. 本实验中为什么要读取最大压力差？
4. 表面张力仪的清洁程度与温度的波动对测量数据有何影响？

## 实验 24　电导法测定表面活性剂的临界胶束浓度

### 一、实验目的

1. 了解表面活性剂的性质及临界胶束形成原理。
2. 掌握临界胶束浓度（CMC）的测定方法和电导率仪的使用方法。
3. 学会用电导法测定十二烷基硫酸钠的 CMC。

### 二、实验原理

具有亲水性的极性基团和具有憎水性的非极性基团所组成的物质为表面活性物质。憎水性的非极性基团为大于 10 个碳原子的烃基，亲水性的极性基团为离子化的基团。表面活性剂按离子的类型可分为以下三类。

阳离子型表面活性剂：主要是含氮的有机胺盐、季铵盐，如二甲基双十六烷基氯化铵 $[(C_{16}H_{33})_2N(CH_3)_2Cl]$，十二烷基二甲基氧化胺 $[CH_3(CH_2)_{11}N(CH_3)_2O]$ 等。

阴离子型表面活性剂：主要是烷基磺酸盐 $[CH_3(CH_2)_{11}C_6H_5SO_3Na$，十二烷基苯磺酸钠$]$，烷基硫酸盐 $[CH_3(CH_2)_{11}SO_4Na$，十二烷基硫酸钠$]$，羧酸盐 ($C_{17}H_{35}COONa$，十八酸钠) 等。

非离子型表面活性剂：亲水基主要为不离解的醚基，如脂肪醇聚氧乙烯醚等。

当表面活性剂以低浓度存在于水中时，以极性基团向水、非极性基团脱离水定向排列，从而明显降低体系的表面吉布斯自由能。表面活性剂浓度增大到一定值时，表面活性剂分子不但在表面聚集而形成单分子层，而且在溶液内部聚在一起形成胶束。形成胶束的最低浓度称为临界胶束浓度（critical micelle concentration，CMC）。

在 CMC 附近，因溶液组成改变，其物理化学性质（如表面张力、电导率、渗透压、浊度、光学性质等）发生明显改变。图 3-20 所示为十二烷基硫酸钠的物理性质与浓度的关系。当浓度低时，表面活性剂分子在水溶液中不规则排列，当浓度等于临界胶束浓度时，表面活性剂分子定向排列在水溶液的表面，亲水基团面向水，亲油基团面向空气。当浓度大于临界胶束浓度时，表面活性剂分子先形成球形胶束，当浓度进一步增加时，球形胶束会转变为棒状胶束，或者层状胶束。层状胶束具有各向异性，可以用来制作液晶。临界胶束浓度是溶液性质显著变化的"分水岭"。测量临界胶束浓度的常用方法有：表面张力法、电导法、染料法等。

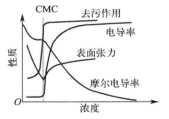

图 3-20　十二烷基硫酸钠的物理性质与浓度的关系

本实验采用电导法测定表面活性剂的电导率来确定 CMC 值。它是利用离子型表面活性剂水溶液的摩尔电导率随浓度的变化关系，通过作摩尔电导率与浓度的曲线，由曲线的转折点求出 CMC 值。

### 三、实验仪器与药品

仪器：恒温水浴；电导率仪；1000 mL 容量瓶；50 mL 容量瓶；50 mL 大试管。
药品：氯化钾（AR）；十二烷基硫酸钠（AR）。

## 四、实验步骤

1. 用电导水配制 0.01 mol·L$^{-1}$ 的 KCl 标准溶液。

2. 配制 0.001 mol·L$^{-1}$、0.002 mol·L$^{-1}$、0.004 mol·L$^{-1}$、0.006 mol·L$^{-1}$、0.008 mol·L$^{-1}$、0.01 mol·L$^{-1}$、0.012 mol·L$^{-1}$、0.014 mol·L$^{-1}$、0.016 mol·L$^{-1}$、0.018 mol·L$^{-1}$、0.02 mol·L$^{-1}$ 的十二烷基磺酸钠溶液（十二烷基磺酸钠用鼓风干燥箱在 80 ℃烘 3 h）。

3. 预热电导率仪并调节电导率仪。

4. 在 25 ℃下用配制好的 KCl 标准溶液标定电极的电导池常数：打开超级恒温水浴电源，将温度调到 25 ℃；待温度恒定后，测定 0.01 mol·L$^{-1}$ 的 KCl 标准溶液的电导率为 $\kappa_T$（此时电导率仪温度设为 25 ℃，标准电导率值 $\kappa_S = 1408.3$ $\mu$S·cm$^{-1}$），电导池常数 $K = \kappa_S/\kappa_T$，将电导率仪的电导池常数设置为 $K$。

5. 将恒温水浴温度调到 40 ℃。

6. 从稀到浓测定配制好的十二烷基磺酸钠溶液的电导率 $\kappa_{溶液}$。测量前用待测溶液润洗电极和容器 3 次。待测溶液需在 40 ℃恒温 15 min 以上，每个溶液读数 3 次，记录溶液的电导率值 $\kappa_{溶液}$。

7. 用蒸馏水洗干净容器和电极，测量蒸馏水的电导率 $\kappa_{水}$。

## 五、数据记录及结果处理

**1. 电导法测定表面活性剂的临界胶束浓度（CMC）数据处理**

① 求待测溶液的平均电导率 $\bar{\kappa}_{溶液}$。

② 用 $\bar{\kappa}_{溶液} - \kappa_{水}$，得到十二烷基磺酸钠的电导率 $\kappa$。

③ 计算摩尔电导率 $\Lambda_m = \dfrac{\kappa}{c}$。

④ 以摩尔电导率对浓度作图，从图中转折点确定十二烷基磺酸钠的 CMC 值。

**2. 电导法测定表面活性剂的临界胶束浓度（CMC）数据记录（表 3-41）**

表 3-41　数据记录表

| 浓度/(mol·L$^{-1}$) | 电导率/($\mu$S·cm$^{-1}$) | | | $\bar{\kappa}_{溶液}$/($\mu$S·cm$^{-1}$) | $\kappa$/($\mu$S·cm$^{-1}$) | $\Lambda_m$/(S·m$^2$·mol$^{-1}$) |
| --- | --- | --- | --- | --- | --- | --- |
| | 1 | 2 | 3 | | | |
| 0（蒸馏水） | | | | | — | — |
| 0.002 | | | | | | |
| 0.004 | | | | | | |
| 0.006 | | | | | | |
| 0.008 | | | | | | |
| 0.010 | | | | | | |
| 0.012 | | | | | | |
| 0.014 | | | | | | |
| 0.016 | | | | | | |
| 0.018 | | | | | | |
| 0.020 | | | | | | |

注：40 ℃，十二烷基磺酸钠的 CMC 文献值为 $8.71 \times 10^{-3}$ mol·L$^{-1}$。

### 六、实验注意事项

1. 十二烷基磺酸钠的规格为分析纯，且要求易溶，称样前须烘干（不烤焦），不含水等其他杂质。
2. 系列溶液定容配制要准确。
3. 注意预温、恒温测定。
4. 测量的电导电极的仪器常数要准确，校正电导率仪并正确进行测溶液电导的操作。
5. 清洗电导电极时，两个铂片不能有机械摩擦，可用电导水淋洗，后将其竖直，用滤纸轻吸，将水吸净，但不能用滤纸沾吸内部铂片。
6. 注意电导率仪应按由低到高的浓度顺序测量样品的电导率，以减小实验误差。
7. 电极在冲洗后必须擦干，以保证溶液浓度的准确；电极在使用过程中其极片必须完全浸入所测的溶液中。

### 七、思考题

1. 阐述电导法测定表面活性剂电导率以确定 CMC 值的优点和适用范围。
2. 本实验有多处需要加热，且时间较长，如何统筹安排以节约时间？
3. 分析引起实验结果误差的主要原因。

**实验 25　溶胶的制备及电泳的测定**

## 一、实验目的

1. 掌握 $Fe(OH)_3$ 胶体的制备及纯化方法。
2. 理解电动电势（$\zeta$ 电势）的物理意义，掌握用电泳法测定 $\zeta$ 电势的原理和技术。

## 二、实验原理

胶体是高度分散的多相体系，粒子的半径为 $10^{-9} \sim 10^{-7}$ m，胶体的性质主要取决于它特殊的分散程度。从热力学讲，它是一个不稳定的系统，因为胶体的比表面积较大，所以表面吉布斯自由能也大，为了降低吉布斯自由能，胶体有聚沉的趋势。但有的胶体却是十分稳定的，这种稳定性来自胶体的特殊结构，如大分子溶液。通常所说的胶体主要指憎液溶胶，由难溶物分散在分散介质中所形成。

常用的制备胶体的方法有分散法和凝聚法，其目的是设法让分散相的粒子的线度落在胶体分散体系的范围以内，并通过体系中存在的适当稳定剂使之稳定。通常所制备的溶胶中的粒子的大小不一，是一个多级分散体系。

分散法即用适当的方法使大块的物质在稳定剂的存在下分散成胶体粒子的大小。分散法主要有以下 4 种：

① 研磨法。如墨汁的制造过程。

② 胶溶法。使暂时凝聚起来的分散相重新分散的方法。许多新鲜的沉淀经洗涤除去过多电解质，再加入少量的稳定剂后可以形成溶胶，这种作用称为胶溶作用。

③ 超声波分散法。

④ 电弧法。

凝聚法的特点是制成可以生成难溶物的分子（离子）的过饱和溶液，再使之结合成胶体粒子而得到溶胶，通常可以分为 3 种：

① 化学凝聚法。通过化学反应（复分解反应，水解反应，氧化或还原反应）生成小颗粒的不溶物而得到溶胶的方法。

② 物理凝聚法。

③ 更换溶剂法。

一般制备的溶胶中常含有一些电解质，过多电解质会破坏胶体的稳定性，因此必须设法使之净化。净化的方法有：

① 渗析法。该方法的特点：利用胶粒不能透过半透膜，而离子可以透过半透膜的特性，把要净化的溶胶放在半透膜内，然后将半透膜放在溶剂中，这样，由于浓度的差别，就可以将电解质转移到溶剂之中去。

② 超过滤法。如果仅仅把一种不溶性的固体分散在一种介质中，是不能制备出稳定的胶体的，还必须有第三种物质作为稳定剂存在，通常是少量的电解质，作为稳定剂的离子常被吸附在胶粒的表面，形成双电层，由于胶粒带电和离子的溶剂化作用，胶粒能稳定地存在于介质中。

本实验采用水解凝聚法制备 $Fe(OH)_3$ 胶体，然后进行电泳试验，$Fe(OH)_3$ 胶体制备过程如下：

① 在沸水中加入 $FeCl_3$ 溶液：

$$FeCl_3 + 3H_2O \Longrightarrow Fe(OH)_3 + 3HCl$$

② $Fe(OH)_3$ 与 HCl 反应：

$$Fe(OH)_3 + HCl \Longrightarrow FeOCl + 2H_2O$$

③ FeOCl 离解成 $FeO^+$ 和 $Cl^-$。

胶团结构为：

$$\{[Fe(OH)_3]_m \cdot nFeO^+ \cdot (n-x)Cl^-\}^{x+} \cdot xCl^-$$

胶体的导电机理可用双电层模型解释，如图 3-21 所示，双电层由紧密层、扩散层、滑移面（或 Stern 面）组成。紧密层与胶体内部之间存在电势差，该电势差称为 ζ 电势，又叫电动电势，其大小取决于胶粒的运动速度。在电场中带正电的胶粒会向阴极移动，带负电的胶粒会向阳极移动，即发生电泳现象。体系中胶粒带有相同的电荷，由于静电作用，彼此之间排斥不致聚集，所以溶胶在一定条件下能相对稳定存在，胶粒带的电荷越多，则 ζ 电势就越大，胶体就越稳定。因此，常用 ζ 电势的大小来衡量溶胶的稳定性。

ζ 电势的测定方法有多种，利用电泳现象可测定 ζ 电势。电泳法又分为宏观法和微观法，前者是将溶胶置于电场中，观察溶胶与另一不含溶胶的导电液（辅助液）间所形成的界面的移动速率；后者是直接观测单个胶粒在电场中的泳动速率。对高分散或过浓的溶胶只能用宏观法；对颜色太浅或浓度过稀的溶胶只能用微观法。

本实验采用宏观法测定 $Fe(OH)_3$ 溶胶的 ζ 电势，其 ζ 电势可按下式计算：

$$\zeta \text{ 电势} = \frac{3.6 \times 10^{10} \pi \eta u}{\varepsilon H} = \frac{3.6 \times 10^{10} \pi \eta l D}{\varepsilon E t} \tag{3-132}$$

式中，$\eta$ 为测量温度下介质的黏度，Pa·s；$\varepsilon$ 为介电常数；$u$ 为电泳速度，m·s$^{-1}$，$u = \frac{D}{t}$；$D$ 为胶粒电泳的移动距离，m；$t$ 为电泳时间，s；$H$ 为电位梯度，V·m$^{-1}$，$H = \frac{E}{l}$；$E$ 为两电极间电位差，V；$l$ 为两电极间距离，m。

### 三、实验仪器与药品

仪器：电泳仪（图 3-22）；加热器；电导率仪；500 mL 烧杯；250 mL 烧杯；150 mL 烧杯；25 mL 量筒；胶头滴管；150 mL 锥形瓶；直流稳压电源（10~100 V）；铂电极 2 支。

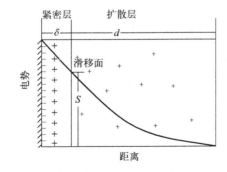

图 3-21 双电层示意图

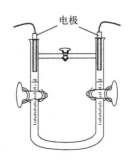

图 3-22 电泳仪示意图

药品：三氯化铁（AR）；火棉胶；1 mol·L$^{-1}$ 盐酸。

## 四、实验步骤

### 1. 氢氧化铁胶体的制备

① 洗净 250 mL 烧杯，加入 150 mL 蒸馏水，煮沸后滴加约 12 mL 质量浓度为 20% 的 $FeCl_3$ 溶液，边加边搅拌，3 min 内加完；微沸 10 min，冷却，最后保持体积在 150 mL 左右。

② 制备半透膜：取干燥、洁净的 150 mL 锥形瓶，倒入 10 mL 火棉胶，转底，将胶均匀挂在瓶底及瓶壁，多余的倒回去；将锥形瓶放在通风橱内，倒置干燥；膜干燥后，将瓶口处的膜撕开一个小口，将水从小口注入瓶和膜之间，随着水的注入膜浮起来，将袋子拿出来，注意袋子不能漏水（水不能在袋子中间）。

③ 胶体净化：向 500 mL 烧杯中放点水，再放入半透膜袋子，然后将胶体转移进袋子，用绳扎紧袋口，于 60~70 ℃ 的水中渗透到水清澈；将处理好的胶体转移到试剂瓶中（小心轻放，用漏斗转移），贴好标签。

④ 洗净玻璃仪器，锥形瓶倒置在沥水架上。

### 2. 电泳

① 在试剂瓶内测定胶体电导率并记录。

② 用水洗净电泳管并用蒸馏水润洗。

③ 往电泳管中放入胶体至稍高于活塞，静置 30 s，关闭活塞，多余的胶体从上方倒掉。

④ 配辅液：取 100 mL 小烧杯，放入 40 mL 蒸馏水，慢慢加入盐酸，使溶液电导率和胶体电导率接近。

⑤ 在电泳管两臂的胶体上方慢慢加入辅液，高度约为 15 cm。

⑥ 将电极插入辅液，接线于直流电源上。电泳仪红色接正极，黑色接负极。

⑦ 调电压 $E=30$ V，关电源，开 U 形管阀，读两管起始位置（可能会不同）并记录。

⑧ 开电源开始计时，读不同时间（5 min、10 min、15 min、20 min、25 min、30 min）下的液面高度并记录。

⑨ 测量从一个金属电极到另一个电极金属位置的距离 $l$ 并记录，直管用尺子量，弯管用线量，再确定线的长短。

⑩ 实验结束后，拆设备，废液倒入废液桶。洗净玻璃仪器。

⑪ 记录室温。

## 五、数据记录及结果处理

### 1. 胶体制备及电泳测定数据处理

① 根据室温，由表 3-42 查出水的黏度和介电常数。

表 3-42　不同温度下水的黏度和介电常数

| 温度/℃ | 黏度 $\eta$/(mPa·s) | 介电常数 $\varepsilon$ |
|---|---|---|
| 0 | 1.7702 | 87.74 |
| 5 | 1.5108 | 87.76 |
| 10 | 1.3039 | 85.83 |
| 15 | 1.1374 | 83.95 |

续表

| 温度/℃ | 黏度 $\eta$/(mPa·s) | 介电常数 $\varepsilon$ |
|---|---|---|
| 17 | 1.0828 | — |
| 19 | 1.0299 | — |
| 20 | 1.0019 | 80.10 |
| 21 | 0.9764 | 79.73 |
| 22 | 0.9532 | 79.38 |
| 23 | 0.9310 | 79.02 |
| 24 | 0.9100 | 78.65 |
| 25 | 0.8903 | 78.30 |

② 计算胶体电动势及其平均值。

③ 判断胶粒带何种电荷。

2. 胶体制备及电泳测定数据记录（表 3-43）

表 3-43　数据记录表

| 室温/℃ | | | 水的黏度/(mPa·s) | | 介电常数 | | |
|---|---|---|---|---|---|---|---|
| 胶体电导率/(mS·cm$^{-1}$) | | | 两极间距离/m | | 两端电压/V | | |
| 电泳数据记录及处理 | | | | | | | |
| 时间/min | 0 | 5 | 10 | 15 | 20 | 25 | 30 |
| 左侧读数/cm | | | | | | | |
| 右侧读数/cm | | | | | | | |
| 移动距离/cm | | | | | | | |
| 电动势/V | | | | | | | |
| 电动势平均值/V | | | | | | | |

### 六、实验注意事项

1. 胶体净化要彻底，否则将影响电泳速率。

2. 辅液电导率必须与溶胶电导率相等。

3. 辅液与溶胶必须界面分明。

### 七、思考题

1. 如果电泳仪事先没有洗干净，管壁上残留有微量的电解质，那么对电泳的测量结果有何影响？

2. 电泳的快慢与哪些因素有关？

## 实验 26　乙酸在活性炭上的吸附

### 一、实验目的

1. 测定活性炭对水溶液中乙酸的吸附，绘制吸附等温线。
2. 验证弗罗因德利希（Freundlich）经验公式并进行求解。

### 二、实验原理

能够在溶液中吸附某些组分的固体被称为吸附剂，吸附剂往往高度分散或具有较大的比表面积。常见的吸附剂有活性氧化铝、活性炭和硅胶等。由于吸附剂的组成和表面结构不同，对各种吸附质的吸附作用不同，因此吸附剂可以从混合溶液中选择性地吸附某一种物质。基于这种选择吸附的能力，吸附剂广泛应用于工业领域，如：除臭、溶液脱色、废水处理、药物的精制提纯等。

活性炭对乙酸有吸附作用。在体积为 $V$、浓度为 $c_0$ 的乙酸溶液中，加入质量为 $m$ 的活性炭，在活性炭对乙酸达到吸附平衡后，分离溶液和活性炭，测定此时的乙酸浓度 $c$，则可以用下列公式计算活性炭对乙酸的吸附量 $x$。

$$x = (c_0 - c)VM \tag{3-133}$$

式中，$M$ 为乙酸的摩尔质量，60 g·mol$^{-1}$。

恒温恒压条件下，活性炭质量 $m$ 与乙酸浓度 $c$ 服从弗罗因德利希经验公式：

$$\frac{x}{m} = ac^{\frac{1}{n}} \tag{3-134}$$

式中，$a$、$c$ 均为常数，具体数值和温度、吸附质及吸附剂的性质有关。公式的对数形式为：

$$\ln\frac{x}{m} = \ln a + \frac{1}{n}\ln c \tag{3-135}$$

显而易见，$\ln\dfrac{x}{m}$ 和 $\ln c$ 线性相关，斜率为 $\dfrac{1}{n}$，截距为 $\ln a$（图 3-23）。通过实验测定不同的 $x$ 和 $c$，以 $\ln\dfrac{x}{m}$ 对 $\ln c$ 作图并进行线性拟合，由拟合的斜率和截距求出 $a$ 和 $n$。由已知的 $a$ 和 $n$，可求出固体吸附剂在不同浓度溶液中的吸附量。

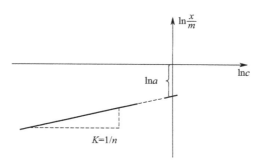

图 3-23　弗罗因德利希吸附等温线

## 三、实验仪器与药品

仪器：250 mL 锥形瓶；10 mL 移液管；漏斗；酸式滴定管；碱式滴定管；振动台；温度计；台秤。

药品：乙酸溶液（0.5 mol·L$^{-1}$、0.2 mol·L$^{-1}$、0.1 mol·L$^{-1}$、0.05 mol·L$^{-1}$）；0.1 mol·L$^{-1}$ 氢氧化钠溶液；酚酞指示剂；活性炭；滤纸。

## 四、实验步骤

1. 在 4 个干燥锥形瓶中分别放入活性炭，活性炭质量为 2.5 g。
2. 在活性炭中分别加入 0.5 mol·L$^{-1}$、0.2 mol·L$^{-1}$、0.1 mol·L$^{-1}$、0.05 mol·L$^{-1}$ 乙酸溶液 50 mL，振动 25 min，使乙酸在活性炭上达到吸附平衡。
3. 用漏斗滤除乙酸溶液中的活性炭，将滤液分别放在 4 个干燥锥形瓶中。
4. 每个浓度的滤液用移液管分别移 10 mL 2 份到 2 个干净的锥形瓶中，用氢氧化钠溶液进行滴定，所用 NaOH 溶液体积记为 $V_1$、$V_2$。

## 五、数据记录及结果处理

### 1. 数据处理

① 根据滴定结果计算各溶液的吸附平衡浓度 $c$。

② 计算活性炭在不同浓度乙酸溶液中的吸附量 $x$。

③ 求出 $\ln\frac{x}{m}$ 和 $\ln c$，以 $\ln\frac{x}{m}$ 对 $\ln c$ 作图并进行直线拟合，根据斜率和截距求出 $a$ 和 $n$，写出弗罗因德利希吸附等温式。

### 2. 数据记录（表 3-44）

表 3-44 数据记录表

室温：_____

| 乙酸初始浓度 $c_0$/(mol·L$^{-1}$) | 0.5 | 0.2 | 0.1 | 0.05 |
|---|---|---|---|---|
| $m$/g | 2.5 | 2.5 | 2.5 | 2.5 |
| $V_1$/mL | | | | |
| $V_2$/mL | | | | |
| 平衡浓度 $c$/(mol·L$^{-1}$) | | | | |
| $x$/g | | | | |
| $x/m$ | | | | |
| $\ln c$ | | | | |
| $\ln\frac{x}{m}$ | | | | |
| $\ln\frac{x}{m}$ 对 $\ln c$ 拟合方程及 $R^2$ | | | | |
| $a$ | | $n$ | 吸附等温式 | |

## 六、实验注意事项

1. 使用的仪器要干燥，注意密闭，防止空气影响活性炭对乙酸的吸附。

2. 浓度较大的乙酸溶液在实验过程中要防止乙酸的挥发。
3. 活性炭在乙酸溶液中的吸附必须达到平衡。

### 七、思考题

1. $a$ 和 $n$ 与什么因素有关？
2. 吸附量 $x$ 和温度存在什么关系？为什么？
3. 如何快速达到吸附平衡？如何判定达到吸附平衡？
4. 试讨论实验中导致误差的因素有哪些。

## 3.5 物质结构部分

 **实验 27　$C_2H_4O$ 分子气相构象及其稳定性的从头计算法研究**

### 一、实验目的

1. 了解量子化学计算软件 Gaussian。
2. 了解化学绘图软件 Chemdraw。
3. 学会优化简单的分子。

### 二、实验原理

**1. 密度泛函理论**

密度泛函理论（DFT）是一种研究多电子体系电子结构的量子力学方法。密度泛函理论在物理和化学上都有广泛的应用，特别是用来研究分子和凝聚态的性质，是凝聚态物理和计算化学领域最常用的方法之一。密度泛函理论中应用最多的是 B3LYP 方法。原子轨道（AO）线性组合成分子轨道（MO），简写为 LCAO-MO，原子轨道（AO）基函数的集合为基组，常用基组有 6-311G、DZVP、LANL2DZ 等。

Gaussian 软件可以优化分子的构型、寻找过渡态、计算中间体的结构等。除了优化构型，还可以计算零点振动能、焓、Gibbs 自由能、频率及其强度等。

频率的计算是在优化好的构型的基础上进行的，只有势能面上的稳定点的频率才有意义。势能面上的稳定点可能是基态分子的优化构型，也可能是过渡态的优化结构。

**2. Gaussian 软件输入文件的格式**

%chk=c2h4o.chk（定义文件名）
%mem=800mb（定义内存）
# b3lyp/6-311+g opt freq（b3lyp 为计算方法，6-311+g 为基组，opt 表示需要优化分子或寻找过渡态，freq 表示需要计算频率）
Title Card Required（标题行）
0　1（0 分子或离子电荷数，1 自旋多重度，自旋多重度=单电子数 $n+1$）

| | | | | | | | |
|---|---|---|---|---|---|---|---|
| C | | | | | | | |
| C | 1 | B1 | | | | | |
| H | 1 | B2 | 2 | A1 | | | |
| H | 1 | B3 | 2 | A2 | 3 | D1 | |
| H | 1 | B4 | 2 | A3 | 4 | D2 | |
| H | 2 | B5 | 1 | A4 | 5 | D3 | |
| O | 2 | B6 | 1 | A5 | 5 | D4 | |

| | |
|---|---|
| B1 | 1.51494081 |
| B2 | 1.09770639 |
| B3 | 1.09790218 |

| | |
|---|---|
| B4 | 1.09153491 |
| B5 | 1.10838327 |
| B6 | 1.22924296 |
| A1 | 109.73030092 |
| A2 | 109.68712353 |
| A3 | 110.06747019 |
| A4 | 113.05310882 |
| A5 | 125.29574710 |
| D1 | －117.57734391 |
| D2 | －121.15997992 |
| D3 | －179.92253850 |
| D4 | 0.06198843 |

(分子空间位置描述笛卡尔坐标，B 代表键长，A 代表键角，D 代表二面角，1 代表与第一个原子相连)

### 三、实验仪器

仪器：计算机 1 台；Gaussian09 软件；Chemoffice 软件；GaussView 软件。

### 四、实验步骤

#### 1. 构建分子的初始构型

打开 Chemdraw 软件，在"view"菜单下，点击"show main tools"，绘制 $C_2H_4O$ 分子结构。将所得分子结构图拷贝到 Chem3D 软件中，将分子的立体结构存为 .gjf 文件。利用记事本或写字板打开 .gjf 文件，其中第一行数据为"0 1"，是指分子体系所带的电荷以及分子的多重态，对于稳定的基态分子，多重度为 1；其他数据为分子中各原子的 $x$、$y$ 和 $z$ 方向的直角坐标数据。在 .gjf 文件中第一行写上"%chk=filename.chk"，第二行写上"# b3lyp/6-311+g opt freq"。

#### 2. 构型优化

打开 Gaussian 软件，在主程序窗口，点击"File"菜单下的"New"，在弹出的对话框中，点击"run"按钮，出现计算窗口。计算结果文件存在扩展名为 .out 的文件中。计算过程中，主程序窗口不断显示计算进程，当"Run Progress"栏内显示"Processing Complete"时，计算已完成，此时在本窗口底部可以看到"Normal termination of Gaussian…"字段。完成计算后，关闭 Gaussian 软件窗口。

#### 3. 数据处理

（1）优化构型，计算电荷分布及偶极矩

用记事本或写字板软件打开 *.out 文件，在"search"菜单下点击"Find"，搜寻文件中"Optimization completed"字段。鉴于优化构型为分子势能面上的极低点，以表 3-45 所示的四项"Convergence Criteria"均为"yes"为构型优化收敛的依据。利用鼠标向前翻页可以看到构型优化过程的自洽迭代细节。

表 3-45　HF/3-21G 水平下优化 $C_2H_4O$ 分子构型收敛细节

| Item | Value | Threshold | Converged? |
| --- | --- | --- | --- |
| Maximum Force | 0.000049 | 0.000450 | YES |
| RMS Force | 0.000021 | 0.000300 | YES |
| Maximum Displacement | 0.000450 | 0.001800 | YES |
| RMS Displacement | 0.000228 | 0.001200 | YES |

查找 HF 即可得到最低能量。

(2) 采用 GaussView 和 Chemoffice 软件可观测分子的构型

用 GaussView 软件直接打开 Gaussian 计算结果文件 *.out，在主窗口中"Builder"菜单下的"Modify Bond""Modify dihdral"工具中，借助鼠标即可显示分子中特定键长、键角和二面角的几何参数。记录分子构型中各键长和键角的数据。键长和键角分别取 Å 和 (°) 为单位，有效位数分别保留至小数点后 3 位和 2 位。

用 Editplus 软件依次查看各 *.out 文件中"Optimization completed"字段之后的"Standard orientation"，记录优化结构（直角坐标数据）。参看文件尾部"Mulliken atomic charges"以及"Dipole moment"字段，记录各原子静电荷分布情况以及分子偶极矩的计算结果。

### 4. 优化 $C_2H_4O$ 所有异构体的结构

对 $C_2H_4O$ 所有异构体的结构进行优化，步骤与上述一致。

### 五、数据记录及结果处理

1. 根据模拟结果分析出乙醇分子的键长、键角和二面角。

2. 根据模拟结果分析分子中各原子静电荷分布情况以及分子偶极矩，并计算偶极矩的理论计算和实验值的相对误差。

### 六、实验注意事项

1. 本次实验的文件名、文件中的内容、文件夹、保存文件夹的位置只能为英文字符，不能出现中文字符，否则会提示错误。

2. 输完内容后，要仔细检查标题行、空行等。

3. 所有信息都在输出文件里，以 .out 为后缀。

### 七、思考题

1. 理论计算的结果能不能代替实验结果？

2. 如何确定 $C_2H_4O$ 最稳定的异构体结构？

## 实验 28　粉末 X 射线衍射法物相分析

### 一、实验目的

1. 掌握粉末 X 射线衍射（PXRD）法的实验原理。
2. 学会根据 PXRD 谱图分析试样的物相组成。

### 二、实验原理

晶体中的原子、原子团（或离子团）按照一定的规律在三维空间周期性重复排列，能够体现整个晶体结构的最小平行六面体单元称为晶胞。晶胞的形状及大小可通过晶胞常数来描述，包括晶胞的三个边长 $a$、$b$、$c$ 和三个夹角 $\alpha$、$\beta$、$\gamma$。

用一束 X 射线以入射角 $\theta$ 照射晶体样品，如果晶体内某一簇晶面参数符合 Bragg 方程，将产生衍射，其衍射方向与入射线向的夹角为 $2\theta$。对于多晶体样品（样品粒度为 $20\sim30$ $\mu m$），其晶体存在多个晶面满足 Bragg 方程，这些晶面分布在半顶角为 $2\theta$ 的圆锥面上。当用单色 X 射线照射多晶样品时，存在多个符合 Bragg 方程的衍射圆锥（对应于不同晶面间距 $d$ 的晶面簇和不同的入射角 $\theta$）。转动入射角 $\theta$，把满足 Bragg 方程的所有射线记录下来，就得到粉末 X 射线衍射（powder X-ray diffraction，PXRD）谱图。可通过衍射峰位置（$2\theta$）获得晶胞信息，包括晶面间距、晶胞大小与形状；而衍射线的强度（即峰高）反映了晶胞内原子、离子或分子的种类、数目、位置等信息。由于任意两种晶体的晶胞形状、大小和原子种类、数量总存在差异，所以 PXRD 谱图的峰位置（$2\theta$）和峰强度可作为物相分析的依据。

以正交系晶体为例，晶胞参数：$\alpha=\beta=\gamma=90°$，$a\neq b\neq c$。其晶面间距离为：

$$\frac{1}{d}=\sqrt{\frac{h^{*2}}{a^2}+\frac{k^{*2}}{b^2}+\frac{l^{*2}}{c^2}} \tag{3-136}$$

式中，$h^*$、$k^*$、$l^*$ 为晶面符号（即密勒指数）。

从 PXRD 谱图中的峰位置 $2\theta$，通过 Bragg 方程 $2d\sin\theta=n\lambda$，可以求得 $\frac{n}{d}=\frac{2\sin\theta}{\lambda}$，对于正交晶系，可得：

$$\frac{n}{d}=\sqrt{\frac{n^2h^{*2}}{a^2}+\frac{n^2k^{*2}}{b^2}+\frac{n^2l^{*2}}{c^2}}=\sqrt{\frac{h^2}{a^2}+\frac{k^2}{b^2}+\frac{l^2}{c^2}} \tag{3-137}$$

式中，$h$、$k$、$l$ 为衍射指数，且 $h=nh^*$、$k=nk^*$、$l=nl^*$。

已知 X 射线入射波长 $\lambda$、衍射峰位置 $2\theta$，通过 Bragg 方程求得各衍射峰对应的 $\frac{n}{d}$ 值（也可以直接从《Tables for conversion of X-ray diffraction angles to interplaner spacing》的表中查出）。如果已知各衍射峰所对应的衍射指数，则可定出晶胞参数，此过程称为"指标化"。

立方晶系的指标化过程最简单，由于 $h$、$k$、$l$ 为整数，用最小的 $\frac{n}{d}$ 值除各衍射峰的 $\left(\frac{n}{d}\right)^2$ 可以获得一整数列，即 $1:2:3:4:\cdots$，则可以按照 $\theta$ 角增大的顺序标出各衍射线指数为 100，110，200…。立方晶系包括三种形式：素晶胞（P）、体心晶胞（I）和面心晶胞（F）。在素晶胞中没有系统消光。由于消光的存在，有部分衍射线因为干扰而消失，在体心晶胞中，只有 $h+k+l=$ 偶数的衍射线；在面心晶胞只有 $h$、$k$、$l$ 全为偶数或全为奇数的衍射线。因此，可由 PXRD 谱图中各衍射峰的位置 $2\theta$ 确定所测物质所属的晶系、晶胞的点阵类型和晶胞参数。

如 PXRD 谱图解析不符合上述任何一个数值，说明不属于立方晶系，需要用四方、六方晶系逐一来尝试。知道了晶胞参数，就可以计算出晶胞体积。立方晶系中，每个晶胞包含的原子（或离子、分子）的个数 $n$，可通过下式求得：

$$n = \frac{\rho a^3}{M/N_A} \tag{3-138}$$

式中，$M$ 为样品的摩尔质量，$g \cdot mol^{-1}$；$N_A$ 为阿伏伽德罗常数；$\rho$ 为样品的晶体密度。

### 三、实验仪器与药品

仪器：X 射线衍射仪等。
药品：NaCl（AR）。

### 四、实验步骤

1. 取适量 NaCl，在玛瑙研钵中研磨至粉末状。将研细的样品倒入玻璃板的凹槽内，用玻板压紧，待测。

2. 打开 X 射线衍射仪，设定参数：管压，35 kV；管流，15 mA（Cu 靶）；扫描速度，$4° \cdot min^{-1}$；扫描范围，$5° \sim 50°$。具体操作方法见仪器说明书。

3. 测定样品的 PXRD 谱图，取出样品，按照操作方法关闭仪器。

### 五、数据记录及结果处理

**1. 数据处理**

① 标出 PXRD 谱图中各衍射峰位置 $2\theta$ 值及峰高，求出 $\frac{n}{d}$ 值。以最高衍射峰的峰高为 100（$I_0$），标出各衍射峰的相对强度（$I/I_0$）。

② 计算 PXRD 谱图中各衍射峰的 $\left(\frac{n}{d}\right)^2$ 值，将各衍射峰所对应的 $\left(\frac{n}{d}\right)^2$ 值都除以整条谱图中最小的 $\left(\frac{n}{d}\right)^2$ 值，并化为整数列，将结果指标化。将指标化结果与立方晶系可能出现的三种点阵类型作对比，确定样品所属的晶系和点阵类型。根据点阵类型进一步求出样品的晶胞参数（平均值）。

③ 计算样品晶胞中所含原子（或离子、或分子）的个数，$\rho_{NaCl} = 2.164$。

**2. 数据记录（表 3-46）**

表 3-46 实验数据记录表

| 峰位置 $2\theta$ | | | | | | | | | | |
|---|---|---|---|---|---|---|---|---|---|---|
| 峰高 | | | | | | | | | | |
| $\frac{n}{d}$ | | | | | | | | | | |

| | | | | | | | | | | |
|---|---|---|---|---|---|---|---|---|---|---|
| $I/I_0$ | | | | | | | | | | |
| $\left(\dfrac{n}{d}\right)^2$ | | | | | | | | | | |
| 指标化结果 | | | | | | 晶胞中离子个数 | | | | |
| $a$ 值/m | | | | | | $a$ 值相对偏差/% | | | | |

注：$a_{NaCl} = (5.64009 \pm 0.00003) \times 10^{-10}$ m。

## 六、实验注意事项

1. 样品需要研磨至 200～325 目。
2. 严格按操作规程使用 X 射线衍射仪。

## 七、思考题

1. 多晶衍射能否使用含有多个波长的多色 X 射线？为什么？
2. 如果 NaCl 晶体中混有 KCl，PXRD 谱图会发生什么变化？
3. 试计算 NaCl 晶体中正离子和负离子的接触半径及半径比。

## 实验 29　红外光谱法测定简单分子的结构参数

### 一、实验目的

1. 熟悉红外光谱仪的使用方法。
2. 掌握双原子分子振动-转动光谱的基本原理。
3. 了解刚性非谐振子双原子分子的结构参数的计算方法。

### 二、实验原理

分子内部的运动分为平动、转动、振动和其内部的电子运动四种，每种运动都有一定的能级，分子内部的总能量 $E$ 可写成：

$$E = E_内 + E_平 + E_转 + E_振 + E_电 \tag{3-139}$$

式中，$E_内$ 是分子内部不随分子运动而改变的能量；$E_转$ 的能级间隔最小（低于 0.05 eV），仅需远红外光或微波照射就可以发生能级跃迁；$E_振$ 能级间的间隔较大（介于 0.05～1.0 eV），中红外区的光照可以使分子发生振动能级的跃迁，由于振动跃迁的过程中常常伴随转动跃迁，因此中红外区的光照会引起分子内部的振动和转动；$E_电$ 的能级间隔更大（1～20 eV），需要可见、紫外或波长更短的光照射才会出现能级跃迁。

当用红外光照射某一样品时，该样品的分子就会吸收一部分光能发生振动和转动能级跃迁。以吸光度或透过率对波长或波数作图，记录样品分子对红外光的吸收情况，就得到了该样品的红外光谱图。

HCl 气体作为异核双原子分子，拥有典型的振动-转动光谱。分子模型可视为刚性转子，转动能量计算公式为：

$$E_r = \frac{h^2}{8\pi^2 I} J(J+1) \tag{3-140}$$

式中，$I$ 为分子的转动惯量；$J$ 为转动量子数，$J = 0, 1, 2, \cdots$。

用非谐振子模型模拟分子振动，其能级公式为：

$$E_v = \left(V + \frac{1}{2}\right) h\nu - \left(n_\nu + \frac{1}{2}\right)^2 \chi_e h\nu \tag{3-141}$$

式中，$n_\nu$ 为振动量子数，$n_\nu = 0, 1, 2, \cdots, n$；$\nu$ 为特征振动频率；$\chi_e$ 为非谐振性校正系数。可以由下式计算特征振动频率 $\nu$ 的数值：

$$\nu = \frac{1}{2\pi}\sqrt{\frac{K_e}{\mu}} \tag{3-142}$$

式中，$\mu$ 为分子折合质量；$K_e$ 为化学键的力常数。若以波数表示分子振动-转动能量，计算公式如下：

$$\sigma = \frac{E_v + E_r}{hc} = \left[\left(\nu + \frac{1}{2}\right)\omega_e - \left(\nu + \frac{1}{2}\right)^2 \chi_e \omega_e\right] + BJ(J+1) \tag{3-143}$$

式中，$c$ 为光速，$c = 3 \times 10^8$ m·s$^{-1}$；$\omega_e$ 为特征波数，$\omega_e = \nu/c$；$B$ 为转动常数，$B = \frac{h}{8\pi^2 Ic}$，cm$^{-1}$。

分子中振动-转动能级的跃迁遵循光谱选律：当 $\Delta\nu \neq \pm 1$ 时，谱带强度随 $|\Delta\nu|$ 的增大而

# 第4章 设计实验

## 实验1 折射率法测定配合物的组成

### 一、实验目的

1. 掌握用折射率法测定配合物组成的方法。
2. 熟悉阿贝折射仪的使用方法。

### 二、设计提示

物质的折射率随温度或照射光线波长的变化而变化。随着温度升高,透光物质的折射率减小;随着照射光线的波长变短,透光物质的折射率增大。将折射率作为液体物质纯度的评价标准,比沸点更为可靠。利用折射率可以确定物质的纯度、鉴定未知化合物、确定液体混合物的组成、测定液体混合物的浓度。

### 三、设计要求

1. 选定合适的测定样品。
2. 给出合适的样品处理方法和数据处理方法。
3. 写出实验原理、操作步骤。
4. 写出所用仪器、试剂的名称、数量等。

### 四、思考题

1. 试讨论影响折射率的因素有哪些。
2. 试阐述等摩尔系列法得到配合物组成的原理。

## 实验 2  反应速率常数和活化能的测定

### 一、实验目的

1. 了解浓度、温度和催化剂对化学反应速率的影响。
2. 测定过二硫酸铵（$NH_4)_2S_2O_8$ 与碘化钾 KI 反应的速率、反应级数、速率常数和活化能。

### 二、设计提示

在水溶液中 $(NH_4)_2S_2O_8$ 与 KI 发生如下反应：

$$S_2O_8^{2-} + 3I^- = 2SO_4^{2-} + I_3^- (aq) \tag{1}$$

该反应的速率计算公式为：

$$r = -\frac{\Delta c_{S_2O_8^{2-}}}{\Delta t} = k c_{S_2O_8^{2-}}^{\alpha} c_{I^-}^{\beta} \tag{4-1}$$

式中，$r$ 为反应的平均速率，$mol \cdot L^{-1} \cdot s^{-1}$；$\alpha$、$\beta$ 为 $S_2O_8^{2-}$ 和 $I^-$ 的反应级数，数值均为 1；$k$ 为速率常数，$L \cdot mol^{-1} \cdot s^{-1}$。

为了测定 $\Delta t$ 内的 $\Delta c_{S_2O_8^{2-}}$，在反应开始时，加入一定量的 $NaS_2O_3$ 溶液和淀粉溶液（作指示剂），这样在反应体系中还存在以下反应：

$$2S_2O_3^{2-} + I_3^- = S_4O_6^{2-} + 3I^- \tag{2}$$

反应（2）的反应速率快，几乎瞬时完成，反应（1）比反应（2）慢得多。因此，反应（1）生成的 $I_3^-$ 立即与 $S_2O_3^{2-}$ 反应，生成无色 $S_4O_6^{2-}$ 和 $I^-$，而观察不到碘与淀粉呈现的特征蓝色。当 $S_2O_3^{2-}$ 消耗尽，反应（2）不进行，反应（1）还在进行，则生成的 $I_3^-$ 遇淀粉呈蓝色。由反应（1）和反应（2）可知：

$$\Delta c_{S_2O_8^{2-}} = \frac{\Delta c_{S_2O_3^{2-}}}{2} \tag{4-2}$$

又由于 $\Delta t$ 时间内 $S_2O_3^{2-}$ 全部反应完，所以：

$$r = -\frac{\Delta c_{S_2O_8^{2-}}}{\Delta t} = -\frac{\Delta c_{S_2O_3^{2-}}}{2\Delta t} = k c_{S_2O_8^{2-}} c_{I^-} \tag{4-3}$$

时间 $\Delta t$ 可由秒表读得，$c_{I^-}$、$c_{S_2O_8^{2-}}$ 和 $c_{S_2O_3^{2-}}$ 可由初始浓度计算得到，由此可求出反应速率常数 $k$。

又据 Arrhenius 公式：

$$\lg k = A - \frac{E_a}{2.303RT} \tag{4-4}$$

以 $\lg k$ 对 $1/T$ 作图，得一直线，直线斜率 $S = -E_a/(2.303R)$，由此可求得反应活化能 $E_a$。

### 三、设计要求

1. 确定合适的实验方案，要求至少包括以下三方面内容：
① 考察浓度对化学反应速率的影响，计算反应速率 $r$ 和反应速率常数 $k$。

减弱。从基态出发，$\Delta \nu = +1$ 时为基频谱带；$\Delta \nu = +2$ 称为倍频谱带。

当分子的振动-转动能级由基态 $E_0$ 升高到第一激发态 $E_1$ 时，吸收的光波数为：

$$\sigma = \frac{E_1 - E_0}{hc} = \frac{E_{\nu,1} - E_{\nu,0}}{hc} + \frac{E_{r,1} - E_{r,0}}{hc} = \sigma_{\nu,1} + \frac{E_{r,1} - E_{r,0}}{hc} = \sigma_{\nu,1} + B_{\nu,1} J_1(J_1+1) - B_{\nu,0} J_0(J_0+1) \tag{3-144}$$

式中，$\sigma_{\nu,1}$ 为纯振动跃迁吸收的谱线的波数；$B_{\nu,1}$、$B_{\nu,0}$ 分别为振动基态和振动第一激发态的转动常数。显而易见，振动-转动能级的跃迁会产生一组谱带。光谱上对其进行了命名，当 $\Delta J = J_1 - J_0 = -1$ 时称为 P 支谱线，有：

$$\sigma_P = \sigma_{\nu,1} - (B_{\nu,1} + B_{\nu,0}) J_0 + (B_{\nu,1} - B_{\nu,0}) J_0^2 \tag{3-145}$$

令 $m = -J_0 = -1, -2, -3, \cdots$，则：

$$\sigma_P = \sigma_{\nu,1} + (B_{\nu,1} + B_{\nu,0}) m + (B_{\nu,1} - B_{\nu,0}) m^2 \tag{3-146}$$

类似地，当 $\Delta J = J_1 - J_0 = +1$ 时称为 R 支谱线，有：

$$\sigma_R = \sigma_{\nu,1} + (B_{\nu,1} + B_{\nu,0})(J_0+1) + (B_{\nu,1} - B_{\nu,0})(J_0+1)^2 \tag{3-147}$$

令 $m = J_0 + 1 = 1, 2, 3, \cdots$，则：

$$\sigma_R = \sigma_{\nu,1} + (B_{\nu,1} + B_{\nu,0}) m + (B_{\nu,1} - B_{\nu,0}) m^2 \tag{3-148}$$

$\sigma_P$ 和 $\sigma_R$ 公式相同，即谱线公式为 $\sigma = \sigma_{\nu,1} + (B_{\nu,1} + B_{\nu,0}) m + (B_{\nu,1} - B_{\nu,0}) m^2$。

除此之外，谱图中的谱线符合经验公式：

$$\sigma = c + dm + em^2$$

结合谱线计算公式和经验公式，可求得基态振动频率 $\nu_1$ 及常数 $B_{\nu,1}$、$B_{\nu,0}$。

由 $B_{\nu,0}$ 可求出异核双原子分子的基态键长 $R_e$：

$$R_e = \sqrt{\frac{I_0}{\mu}} = \sqrt{\frac{h}{8\pi^2 B_{\nu,0} c} \times \frac{1}{\mu}} \tag{3-149}$$

由纯振动跃迁谱线的波数 $\sigma_{\nu,1}$ 和 $\sigma_{\nu,2}$ 可求出特征波数 $\omega_e$、非谐振性校正系数 $\chi_e$、化学键的力常数 $K_e$。

$$\sigma_{\nu,1} = (1 - 2\chi_e) \omega_e \tag{3-150}$$

$$\sigma_{\nu,2} = (1 - 3\chi_e) \omega_e \tag{3-151}$$

$$c\omega_e = \frac{1}{2\pi} \sqrt{\frac{K_e}{\mu}} \tag{3-152}$$

根据上述计算结果，进一步求出解离能 $D_0$ 和基态平衡解离能 $D_e$（$D_e$ 是振动量子数趋近于无穷大时的振动能量 $E_{v,\max}$）。

$$\nu_{\max} \approx \frac{1}{2\chi_e} \tag{3-153}$$

$$D_e = E_{v,\max} = \left(\nu_{\max} + \frac{1}{2}\right) hc\omega_e - \left(\nu_{\max} + \frac{1}{2}\right)^2 hc\chi_e \omega_e$$

$$= \nu_{\max} hc\omega_e - \nu_{\max}^2 hc\chi_e \omega_e = \frac{1}{4\chi_e} hc\omega_e \tag{3-154}$$

$$D_0 = D_e - E_0 \approx \frac{1}{4\chi_e} hc\omega_e - \frac{1}{2} hc\omega_e \tag{3-155}$$

### 三、实验仪器与药品

仪器：红外光谱仪；气体池；气体制备装置。

药品：浓硫酸（AR）；浓盐酸（AR）。

### 四、实验步骤

1. 制备 HCl 气体，并充入气体池。用真空泵抽出储气瓶和气体池中的气体，密闭后待用。使用气体制备装置，将浓盐酸滴入浓硫酸中制备出 HCl 气体，气体经浓硫酸干燥后，存入储气瓶中备用。将 HCl 气体通入样品池中，排出的气体引向室外。由于 HCl 气体有腐蚀性，注意保持室内干燥、通风。

2. 测定红外光谱。

3. 实验结束后，将气体池内 HCl 气体吹至水中，用氮气冲洗气体池，关上气体池活塞后放入干燥器。

### 五、数据记录及结果处理

数据记录及处理见表 3-47。

表 3-47　数据记录及处理

| P 支谱线波数 | | | | |
| --- | --- | --- | --- | --- |
|  |  |  |  |  |
|  |  |  |  |  |
| R 支谱线波数 | | | | |
|  |  |  |  |  |
|  |  |  |  |  |
| $B_{v,0}$ | | $R_e$ | | $\omega_e$ |
| $\chi_e$ | | $K_e$ | | $D_e$ |
| $D_0$ | | $E_0$ | | |

### 六、思考题

1. HD 有无红外活性？哪些双原子分子没有红外活性？

2. 谱图中除 HCl 吸收峰外，还有什么分子的吸收峰？

② 考察温度对化学反应速率的影响，要求至少计算 3 个温度下的反应速率常数 $k$，并算出活化能 $E_a$。

③ 考察催化剂对化学反应速率的影响，探讨催化剂加入量对反应速率的影响。

2. 给出合适的数据处理方法。

3. 写出实验原理、操作步骤。

4. 写出所用仪器、耗材、试剂的名称、数量等。实验室提供以下试剂：$0.20\ mol \cdot L^{-1}$ $(NH_4)_2S_2O_8$；$0.20\ mol \cdot L^{-1}$ $KI$；$0.050\ mol \cdot L^{-1}$ $Na_2S_2O_3$；$0.20\ mol \cdot L^{-1}$ $KNO_3$；$0.20\ mol \cdot L^{-1}$ $(NH_4)_2SO_4$；$0.20\ mol \cdot L^{-1}$ $Cu(NO_3)_2$；$0.5\%$ 淀粉溶液；冰。

### 四、思考题

1. 实验中蓝色出现后，反应是否就停止了？

2. 反应级数和反应分子数的定义有何不同？影响反应速率的因素有哪些？

3. 若用碘离子浓度变化来表示该反应的速率，则反应速率和反应速率常数是否和用过硫酸根浓度变化表示的一样？

## 实验 3　栀子黄色素的提取和浸提动力学

### 一、实验目的

1. 探索栀子果实提取工艺。
2. 掌握分光光度法测定栀子黄色素提取动力学方程的原理。
3. 熟悉分光光度计的使用方法。

### 二、设计提示

栀子是一种茜草科植物，常见于我国南部及中南部；常绿灌木，夏季开花；果实为椭圆形，9～10 月成熟，黄色或深红色。栀子是卫生部（现国家卫生健康委员会）首批公布的药食两用植物之一，也是一种传统中药，可以抑菌或用于治疗某些疾病。成熟的栀子果实质量的 10% 是栀子黄色素，属于一种天然可食用色素，是一种珍贵的水溶性类胡萝卜素。栀子黄色素安全、无毒、无副作用，且具有一定的营养价值，可用于食品着色。因此，栀子黄色素被誉为新型、功能型天然着色剂。栀子黄色素的主要成分是 $\alpha$-藏花素和藏花酸，其结构主体由异戊二烯单体首尾相连而成，在可见光区的最大吸收波长为 440 nm。

通常采用水或乙醇溶液从栀子果实提取栀子黄色素，浸提工艺对栀子黄产率影响很大。果实的粒度、栀子黄含量、浸提温度、酸碱度、浸提时间等因素都会影响栀子黄浸提产率。在一定温度下，用一定量的水或乙醇溶液浸泡一定粒度的栀子果实一段时间，得到栀子黄浸提液。随着浸泡时间的增长，栀子黄色素浓度逐渐提高，浸提液的吸光度也逐渐增大。栀子黄色素浓度与浸提液在 440 nm 处的吸光度 $A$ 成正比，可用公式 $m/(\text{g} \cdot \text{L}^{-1}) = 0.02664A + 0.0001$ 计算浸提液的栀子黄色素浓度 $m$。因此，可以用溶液吸光度代替浓度，建立动力学方程。

### 三、设计要求

1. 查阅相关文献设计栀子黄色素的浸提工艺及条件。
2. 建立 2 个温度下栀子黄色素浸提过程的动力学方程，计算各温度下的提取速率常数 $k$，并求出提取活化能 $E_a$。

### 四、思考题

1. 除了分光光度法外，还有哪些方法可以检测浸提液中栀子黄色素的浓度？
2. 如何有效地提高栀子黄色素的浸提产率？

## 实验 4　不同浓度硫酸铜溶液中铜的电极电位测定

### 一、实验目的

1. 掌握原电池电动势及电极电位的测定原理及方法。
2. 了解电解液浓度对电池电动势及电极电位的影响。
3. 了解饱和甘汞电极的构造及使用方法。
4. 熟悉酸度计和电位差计的使用方法。

### 二、设计提示

原电池包括正、负两极，电池电动势 $E$ 等于两电极电位差。对于原电池：

$$\text{Hg(l)} | \text{Hg}_2\text{Cl}_2(\text{s}) | \text{KCl(饱和)} || \text{Cu}^{2+}(1 \text{ mol} \cdot \text{L}^{-1}) | \text{Cu(s)}$$

$$E = E_+ - E_- = E(\text{Cu}^{2+} | \text{Cu}) - E(\text{饱和甘汞}) \tag{4-5}$$

饱和甘汞电极的电极电位的计算公式为：

$$E(\text{饱和甘汞})/\text{V} = 0.2415 - 0.00065[(T/\text{K}) - 298.15] \tag{4-6}$$

可以通过测得的原电池电动势 $E$，求出铜电极电动势 $E(\text{Cu}^{2+} | \text{Cu})$。

理论上，铜电极电动势 $E(\text{Cu}^{2+} | \text{Cu})$ 与电解质溶液中 $\text{Cu}^{2+}$ 浓度的关系符合能斯特方程：

$$E(\text{Cu}^{2+} | \text{Cu}) = E^{\ominus}(\text{Cu}^{2+} | \text{Cu}) + \frac{RT}{zF} \ln a_{\text{Cu}^{2+}} \tag{4-7}$$

### 三、设计要求

1. 用提前配制好的 2 mol·L$^{-1}$ 的 CuSO$_4$ 溶液配制浓度为 0.2 mol·L$^{-1}$、0.02 mol·L$^{-1}$ 的 CuSO$_4$ 溶液。
2. 列出实验所需仪器名称、规格和数量。
3. 画出实验装置图，并组装好仪器。
4. 列出详细实验操作步骤。
5. 测出 2 mol·L$^{-1}$、0.2 mol·L$^{-1}$、0.02 mol·L$^{-1}$ 的 CuSO$_4$ 溶液组装成的原电池的电动势。
6. 计算出不同浓度 CuSO$_4$ 溶液中的铜电极电势，并与理论结果作比较。

### 四、思考题

1. 分析实验产生误差的原因。
2. 试讨论影响电极电位的因素有哪些。

**实验 5　化学反应热效应的测定**

## 一、实验目的

1. 掌握量热计的原理和使用方法。
2. 掌握测定反应热的基本原理。
3. 了解测定化学反应热效应的方法。

## 二、设计提示

查阅相关文献,在酸碱中和反应、乙醇燃烧反应、环己烷燃烧反应、丙三醇燃烧反应、氯化银生成反应等反应中确定待测定化学反应。化学反应热数值可能较小,实验过程必须准确测量温差变化并进行必要的校正。

## 三、设计要求

1. 写出测定反应热效应的基本原理。
2. 选择合适的测温仪器。
3. 写出实验所需的试剂规格及用量。
4. 写出实验步骤及数据处理方法。

## 四、思考题

1. 试讨论影响实验结果的因素有哪些。
2. 如何提高实验的准确性?

# 第 5 章
# 综合实验

 **实验 1　氧化锌的制备及其结构、性质表征**

### 一、实验目的

1. 掌握不同晶形 ZnO 的制备方法。
2. 掌握通过 X 射线衍射分析确定晶体类型的方法。
3. 了解 ZnO 的广泛用途、良好性能及主要应用。
4. 了解 PDF 数据库的使用方法。

### 二、实验原理

氧化锌为白色或浅黄色粉末，是一种宽禁带半导体材料。氧化锌比表面积大，可散射紫外线，具有荧光性、压电性、光催化活性等许多独特的物理、化学性质。氧化锌广泛地应用于塑料、橡胶、油漆涂料、医药、食品、化妆品等领域。

氧化锌主要有六方纤锌矿和立方闪锌矿两种结晶形态。最常见和稳定的结晶形式是纤锌矿。氧化锌的制备方法有很多，工业上常用 $Zn(OH)_2$、$ZnCO_3$ 分解法。实验室中可以用气-液-固法、化学气相沉积法、湿化学法制备线/棒状的纳米氧化锌。氧化锌的表面结构、结晶类型等直接决定着其性能的好坏。

晶体结构是分子固体材料性质的重要基础，测定晶体结构的常用有效方法是 X 射线单晶结构分析，但是很多固态材料难以获得满足单晶分析所需要的尺寸和质量。在这种情况下，可以通过粉末 X 射线衍射（PXRD）数据获得结构信息。PXRD 测定多晶样品发生衍射的角度和衍射强度，进而判断出物质的结晶结构。

本实验采用常温直接沉淀法制备氧化锌（即在表面活性剂存在的条件下常温制得氧化锌），方法简便、易操作、成本低。

### 三、实验仪器与药品

仪器：电热鼓风干燥箱；真空泵；X 射线衍射仪；超声仪；紫外-可见分光光度计。

药品：$Zn(Ac)_2 \cdot 2H_2O$（AR）；$2\ mol \cdot L^{-1}$ 氢氧化钠溶液；无水乙醇（AR）；蒸馏水；十二烷基硫酸钠（AR）；聚乙二醇 400；十六烷基三甲基溴化铵（AR）。

### 四、实验步骤

1. ZnO 的制备：在 250 mL 烧杯中称 11 g $Zn(Ac)_2 \cdot 2H_2O$，加入 50 mL 蒸馏水溶解，加入 0.0003 mol 表面活性剂（也可以不加），将溶液置于温度为 40 ℃ 的磁力搅拌器上搅拌

30 min；之后将 50 mL 氢氧化钠溶液滴加入溶液，继续搅拌 30 min；将样品液陈化一星期后进行抽滤，抽滤过程中用蒸馏水和无水乙醇各洗涤 2~3 次；将滤出物转移到坩埚中，在 105 ℃中干燥 3 h，冷却到室温；研细后在 500 ℃煅烧 1 h，获得 ZnO。

2. 测定 ZnO 的 PXRD 谱图。

3. 将少量 ZnO 用超声仪分散在蒸馏水中，测定 ZnO 的紫外-可见光谱图。

### 五、数据记录及结果处理

1. 根据 PXRD 谱图，鉴别制得的氧化锌粉末的晶相组成。
2. 根据 PDF 数据库检索结果，确定各衍射峰所对应晶面的指标。
3. 根据紫外-可见光谱图评价氧化锌的紫外屏蔽能力。

### 六、思考题

1. 如何控制氧化锌的晶形？如何提高产物的紫外吸收能力？
2. 工业上制备氧化锌的方法有哪些？
3. 实验室制备氧化锌的方法有哪些？
4. PXRD 分析的原理是什么？

## 实验 2  电动势法测定热力学函数

### 一、实验目的

1. 掌握电化学热力学的基本知识。
2. 熟悉原电池电动势的测量技术。
3. 熟悉电动势法测定热力学函数的方法。

### 二、实验原理

原电池电动势的测定在物理化学实验中占有十分重要的地位,可以通过测得可逆原电池的电动势来计算化学反应的一系列热力学函数,如:化学反应平衡常数、离子活度及活度系数、弱电解质的解离常数、难溶盐的溶解度、配位化合物稳定常数,以及某些热力学函数的变化量等。

原电池中,恒温、恒压、可逆条件下:

$$\Delta_r G_m = -zFE \tag{5-1}$$

式中,$\Delta_r G_m$ 是原电池反应的摩尔吉布斯自由能变化值,$J \cdot mol^{-1}$;$z$ 是电池反应得失电子数;$F$ 是法拉第常数,$F = 96485 \ C \cdot mol^{-1}$;$E$ 是原电池电动势,V。

$$\Delta_r S_m = -\left(\frac{\partial \Delta_r G_m}{\partial T}\right)_p = zF\left(\frac{\partial E}{\partial T}\right)_p \tag{5-2}$$

式中,$\left(\frac{\partial E}{\partial T}\right)_p$ 是原电池电动势的温度系数,$V \cdot K^{-1}$。

$\Delta_r H_m$ 的计算公式如下:

$$\Delta_r H_m = \Delta_r G_m + T\Delta_r S_m = -zFE + zFT\left(\frac{\partial E}{\partial T}\right)_p \tag{5-3}$$

$Q_{r,m}$ 的计算公式如下:

$$Q_{r,m} = T\Delta_r S_m = zFT\left(\frac{\partial E}{\partial T}\right)_p \tag{5-4}$$

由以上公式可知,在恒压条件下,测得不同温度下原电池的可逆电动势 $E$,作 $E$-$T$ 图,可求出原电池电动势的温度系数,从而计算出原电池反应的 $\Delta_r G_m$、$\Delta_r S_m$、$\Delta_r H_m$ 和 $Q_{r,m}$。本实验测定下列反应的热力学函数:

$$2Ag(s) + Hg_2Cl_2(s) \Longrightarrow 2Hg(l) + 2AgCl(s)$$

用饱和甘汞电极和银-氯化银电极将上述化学反应组成原电池:

$$Ag|AgCl(s)|饱和\ KCl\ 溶液|Hg_2Cl_2(s)|Hg(l)$$

### 三、实验仪器与药品

仪器:电位差计;银-氯化银电极;饱和甘汞电极;恒温水浴锅;100 mL 烧杯。
药品:氯化钾(AR);蒸馏水。

### 四、实验步骤

1. 电位差计开机,完成预热和校准(电位差计具体使用方法见 6.5 节)。

2. 打开恒温水浴锅，设定温度。

3. 在烧杯中倒入适量的饱和 KCl 溶液，放入 Ag-AgCl 电极和饱和甘汞电极。待恒温水浴达到设定温度后，将烧杯放入水浴恒温 15 min，测定电池电动势。

4. 重复步骤 2 和 3，分别测定 30 ℃、35 ℃、40 ℃、45 ℃、50 ℃下的电池电动势。

## 五、数据记录及结果处理

**1. 电动势法测定热力学函数的数据处理**

① 绘制 $E\text{-}T$ 图，求出 $\left(\dfrac{\partial E}{\partial T}\right)_p$。

② 求出原电池反应的 $\Delta_r G_m$、$\Delta_r S_m$、$\Delta_r H_m$ 和 $Q_{r,m}$。

**2. 电动势法测定热力学函数的数据记录（表 5-1）**

表 5-1 数据记录表

| 项目 | 30 ℃ | 35 ℃ | 40 ℃ | 45 ℃ | 50 ℃ |
| --- | --- | --- | --- | --- | --- |
| $E/\text{V}$ | | | | | |
| $\Delta_r G_m/(\text{J}\cdot\text{mol}^{-1})$ | | | | | |
| $\left(\dfrac{\partial E}{\partial T}\right)_p/(\text{V}\cdot\text{K}^{-1})$ | | | | | |
| $\Delta_r S_m/(\text{J}\cdot\text{mol}^{-1}\cdot\text{K}^{-1})$ | | | | | |
| $\Delta_r H_m/(\text{J}\cdot\text{mol}^{-1})$ | | | | | |
| $Q_{r,m}/(\text{J}\cdot\text{mol}^{-1})$ | | | | | |

## 六、思考题

1. 讨论影响实验结果的因素有哪些。
2. 试阐述根据电池反应设计原电池的方法。

# 实验 3　电导滴定法测定混酸溶液各组分浓度

## 一、实验目的

1. 掌握电导滴定法测定混酸溶液中各组分浓度的原理及方法。
2. 了解多曲线拟合的数据处理方法。

## 二、实验原理

在确定温度下，电解质溶液的离子组成和浓度决定溶液的电导率。在滴定过程中，由于溶液中的离子组成和浓度在不断变化，溶液的电导率随之不断变化，因此可以利用溶液电导率的变化的转折点来指示滴定反应终点。

用酸碱滴定法测定混酸溶液的浓度时，要仔细选择滴定剂及指示剂，严格判断滴定的终点。电导滴定法的优点是不使用指示剂，不存在过度滴定的问题，尤其对沉淀反应和有色滴定体系可以达到较好的效果。

本实验采用电导滴定法测定硫酸和醋酸混合溶液各组分的浓度。

用 NaOH 滴定 $H_2SO_4$ 和 $H_2C_2O_4$ 混合液的反应方程式如下所示：

$$2NaOH + H_2SO_4 = Na_2SO_4 + 2H_2O$$
$$2NaOH + H_2C_2O_4 = Na_2C_2O_4 + 2H_2O$$

开始滴定前，由于溶液中 $H^+$ 浓度很大，所以溶液的电导率很大。随着 NaOH 的不断滴入，溶液中的 $H^+$ 不断与 $OH^-$ 结合生成电导率很小的 $H_2O$。因此，在到达理论滴定终点前，溶液的电导率将不断下降（草酸未完全反应时曲线会有一小段上升）。当 NaOH 滴定过量时，溶液中 $OH^-$ 浓度不断增大，溶液的电导率将随着 NaOH 的滴入而不断升高。根据电导率滴定曲线的转折点即可确定滴定终点，由此可算出硫酸和草酸混合溶液的总酸度。

$KMnO_4$ 滴定 $H_2C_2O_4$ 的反应方程式如下：

$$2KMnO_4 + 3H_2SO_4 + 5H_2C_2O_4 = 2MnSO_4 + K_2SO_4 + 10CO_2\uparrow + 8H_2O$$

由于反应产物 $CO_2$ 和 $H_2O$ 的电导率很小，因此溶液的电导率不断下降直至到达滴定终点。之后随着强电解质 $KMnO_4$ 溶液的滴入，溶液的电导率上升。由电导率滴定曲线的转折点即可算出草酸的浓度。总酸度减去草酸的浓度便可求出混合液中硫酸的浓度。

## 三、实验仪器与药品

**仪器**：电导率仪；磁力搅拌器；等等。

**药品**：0.5 mol·$L^{-1}$ NaOH 溶液（需标定）；0.1 mol·$L^{-1}$ $KMnO_4$（需标定）；$H_2SO_4$-$H_2C_2O_4$ 混酸（溶液中 $H_2SO_4$ 和 $H_2C_2O_4$ 浓度约为 0.05 mol·$L^{-1}$）；邻苯二甲酸氢钾（AR）；草酸钠（AR）；酚酞。

## 四、实验步骤

1. 用邻苯二甲酸氢钾标定 NaOH 溶液，平行标定 3 次，计算出 NaOH 溶液准确浓度

（具体标定方法参阅分析化学实验）。

2. 用草酸钠标定 $KMnO_4$ 溶液，平行标定 3 次，计算出 $KMnO_4$ 溶液准确浓度（具体标定方法参阅分析化学实验）。

3. 在 100 mL 烧杯中，准确移取 50 mL 混合酸。将烧杯放在磁力搅拌器上，溶液中放入磁子。将电导率仪电极用蒸馏水清洗干净，用滤纸吸干水，并悬置在混酸溶液中（注意磁子不要碰到电极）。

4. 测定混合酸溶液的总酸度：用标定的 NaOH 溶液滴定，每滴加 0.2～0.5 mL 记录一次电导率值，直至电导率下降后出现明显升高，重复测定 3 次。

5. 测定混合酸溶液中的 $H_2C_2O_4$ 浓度：重复步骤 3～4，再用标定的 $KMnO_4$ 溶液滴定，每滴加 0.2～0.5 mL 记录一次电导率值，直至电导率下降后出现明显升高，重复测定 3 次。

6. 测量完毕，清洗、整理。

### 五、数据记录及结果处理

**1. 电导滴定法测定混酸溶液各组分浓度数据处理**

① 求出 NaOH 溶液的准确浓度。
② 求出 $KMnO_4$ 溶液的准确浓度。
③ 根据电导率数据的转折点，确定混酸溶液中总酸度和 $H_2C_2O_4$ 浓度的滴定终点。
④ 计算混酸中 $H_2SO_4$ 和 $H_2C_2O_4$ 的浓度。

**2. 电导滴定法测定混酸溶液各组分浓度数据记录**

（1）NaOH 溶液的标定（表 5-2）

表 5-2　NaOH 溶液的标定

| 项目 | 1 | 2 | 3 |
|---|---|---|---|
| $m_{邻苯二甲酸氢钾}/g$ | | | |
| $V_{NaOH}/mL$ | | | |
| $c_{NaOH}/(mol \cdot L^{-1})$ | | | |
| $\bar{c}_{NaOH}/(mol \cdot L^{-1})$ | | | |

（2）$KMnO_4$ 溶液的标定（表 5-3）

表 5-3　$KMnO_4$ 溶液的标定

| 项目 | 1 | 2 | 3 |
|---|---|---|---|
| $m_{草酸钠}/g$ | | | |
| $V_{KMnO_4}/mL$ | | | |
| $c_{KMnO_4}/(mol \cdot L^{-1})$ | | | |
| $\bar{c}_{KMnO_4}/(mol \cdot L^{-1})$ | | | |

（3）混酸的滴定（表 5-4）

表 5-4 混酸的滴定

| 项目 | 1 | 2 | 3 |
|---|---|---|---|
| $V_{NaOH}$/mL | | | |
| $V_{KMnO_4}$/mL | | | |
| $c_{H^+}$/(mol·L$^{-1}$) | | | |
| $c_{H_2C_2O_4}$/(mol·L$^{-1}$) | | | |
| $\bar{c}_{H_2C_2O_4}$/(mol·L$^{-1}$) | | | |
| $c_{H_2S_2O_4}$/(mol·L$^{-1}$) | | | |
| $\bar{c}_{H_2S_2O_4}$/(mol·L$^{-1}$) | | | |

## 六、实验注意事项

1. 高锰酸钾有毒，且有一定的腐蚀性，实验时做好防护。

2. 氢氧化钠易吸收空气中的水和二氧化碳，应密封保存且用橡胶塞。

3. 由于空气中的二氧化碳溶入待测液后，生成具有导电性能的离子影响电导率的测量，因此被测溶液应放入密封的电导池内测定电导率。

4. 应彻底清洁存放及盛放待测溶液的容器，避免污染。

5. 电极不用时，清洗干净并存放在蒸馏水内。

## 七、思考题

1. 如何判断电导滴定法测定混酸溶液各组分浓度的终点？

2. 如何减小实验的误差？

## 实验 4　乙酸乙酯 Cu 基催化剂的制备及其催化性能研究

### 一、实验目的

1. 熟悉催化剂的制备方法。
2. 掌握测定催化剂活性和选择性的基本原理及方法。
3. 了解催化剂的制备方法、制备条件和反应条件对催化性能的影响。

### 二、实验原理

催化化学的研究涉及化学的各分支学科，属于物理化学的一个分支学科。多相催化剂的制备涉及无机化学、有机化学；催化剂性质分析涉及分析化学、仪器分析的实验方法；催化性能评价涉及化学热力学和催化化学等学科相关理论和实验方法。催化剂的组成、结构和性质决定了催化性能，因此通过调整催化剂的组成和结构来提升催化剂的性能。

固体催化剂一般包括三部分：活性组分、助剂和载体。活性组分是具有催化作用的主要组分。助剂可以用于调整催化剂的组成、离子价态、酸碱性、结构、机械强度等，从而影响催化活性、选择性及寿命等性能。载体在催化剂中主要呈现机械作用和化学作用。载体可以承载、分散活性组分，为活性组分提供较大的表面积和合适的孔结构，抑制活性组分结晶在一起生成大颗晶粒；也可以给催化剂提供良好的机械强度和导热性能等。载体物质通常具有良好的机械性能和热稳定性、合适的孔结构和表面积，价格低廉。

常用的催化剂制备方法包括浸渍法、沉淀法、共混合法、离子交换法等。

浸渍法是把载体放在含有活性组分的溶液中浸泡一定时间，活性组分在载体上达到吸附平衡后去除剩余溶液，再经干燥、焙烧、活化等步骤制得催化剂。浸渍时间、浸渍液的浓度、载体状态都影响浸渍结果。另外，干燥、焙烧等处理过程也影响催化剂的结构和性能。

沉淀法制备催化剂的原理是在含金属盐类的水溶液中加入沉淀剂，形成水合氧化物、碳酸盐或凝胶沉淀，将沉淀物分离、洗涤、干燥后即得催化剂。沉淀剂的种类、沉淀温度、金属盐溶液浓度、沉淀时溶液的酸碱度、加料顺序及搅拌速度等均影响催化剂的活性、寿命等。

共混合法制备催化剂是将催化剂的各组分经简单混合，碾压至一定程度，成型后焙烧活化即得催化剂。

离子交换法主要应用于硅酸盐类催化剂的制备中。天然或合成的硅酸盐结构中含有大量的阳离子，可以与其他阳离子交换，进而赋予或提升催化剂活性。在离子交换法中，交换离子的种类、交换度、交换温度、交换液浓度等因素都影响催化剂性能。

本实验的研究内容为乙酸乙酯 Cu 基催化剂的制备及催化性能研究。

乙酸乙酯是一种无毒有机溶剂，是一种重要的精细化工原料，广泛应用于涂料、人造革、黏合剂、医药等领域。乙酸乙酯的生产工艺主要有以下三类：

① 乙酸、乙醇酯化法，此方法是乙酸乙酯的经典制备方法，以硫酸或对甲基苯磺酸作为催化剂；

$$CH_3CH_2OH + CH_3COOH \xrightarrow{H^+} CH_3COOCH_2CH_3 + H_2O$$

② 以三乙醇铝为催化剂催化乙醛羰基加成制备乙酸乙酯：

$$2CH_3CHO \xrightarrow{Al(OEt)_3} CH_3COOCH_2CH_3$$

③ 最近才被商业应用的方法是以黏土和杂多酸为催化剂，加成乙酸和乙烯制备乙酸乙酯：

$$CH_2=CH_2 + CH_3COOH \xrightarrow{\text{黏土和杂多酸}} CH_3COOCH_2CH_3$$

以上三种工艺都存在一定的不足，传统的酯化法所用的乙酸原料及酸催化都会造成设备腐蚀；乙醛羰基加成尽管只使用一种原料，但是乙醛有毒且并非石油化工直接产品，给生产带来一定的困难。因此，急需改进乙酸乙酯生产工艺。

乙醇脱氢二聚法生产工艺简单、无腐蚀性、毒性小、原料易得，逐渐引起关注。乙醇脱氢二聚制备乙酸乙酯，可以分为两种工艺：氧化脱氢和乙醇脱氢工艺。

$$O_2 + 2CH_3CH_2OH \xrightarrow{\text{催化剂}} CH_3COOCH_2CH_3 + 2H_2O$$

$$2CH_3CH_2OH \xrightarrow{\text{催化剂}} CH_3COOCH_2CH_3 + 2H_2$$

氧化脱氢工艺中使用乙醇和氧气原料，存在爆炸的危险。相比较而言，乙醇脱氢工艺优点突出，没有使用具有爆炸性的混合物，副产品 $H_2$ 可以用于其他加氢过程。

Inui 等采用共沉淀法制备了 Cu-Zn-Al-Zr-O 催化剂，研究了在 Cu 催化剂中添加 $ZrO_2$、ZnO、$Al_2O_3$ 对催化性能的影响。研究还发现用碱溶液处理还原可以提高乙醇脱氢二聚合生成乙酸乙酯的选择性。除此之外，文献还报道了在 Cu 催化剂中添加 CoO、$TiO_2$、碱金属及碱土金属对催化乙醇一步法合成乙酸乙酯的性能影响。

杨树武等人提出，在 Cu/ZnO/$Al_2O_3$/$ZrO_2$ 催化剂上，乙醇脱为乙醛的主要催化活性中心为 Cu；ZnO 主要起提高催化剂热稳定性的作用，也可能与 $Al_2O_3$ 协同作用，提供利于乙酸乙酯生成的 L 酸碱中心。$ZrO_2$ 可同时提供酸碱中心，使催化剂的酸碱性更有利于生成乙酸乙酯。

### 三、实验仪器与药品

仪器：气相色谱仪；X 射线衍射仪；加热炉；干燥箱；管式炉；等等。

药品：乙醇（AR）；硝酸铜（AR）；硝酸锌（AR）；硝酸钴（AR）；硝酸铝（AR）；硝酸锆（AR）。

### 四、实验步骤

1. 用浸渍法制备催化剂：称量一定质量的 Cu、Zn、Co、Al、Zr 的硝酸盐，加水溶解后，浸渍于 3 g 50～60 目的 γ-$Al_2O_3$ 上 24 h，烘干后于 580 ℃ 煅烧 2 h。
2. 测定催化剂的 PXRD 谱图。
3. 以 95% 乙醇为原料，加入 1 g 左右催化剂，进行反应。
4. 反应的液相和气相组分用气相色谱仪测定。

### 五、数据记录及结果处理

1. 根据气相色谱图，用校正归一化法计算出不同反应时间和不同反应温度下乙醇的转化率和乙酸乙酯的选择性。

2. 以反应转化率和乙酸乙酯产物的选择性对时间作图，分析反应时间对转化率和选择性的影响。

3. 以反应转化率和反应产物选择性对反应温度作图，分析反应温度对转化率和选择性的影响。

4. 解析表征催化剂的结构与性质的图谱。

### 六、实验注意事项

1. 制备催化剂的过程中用到酸、碱和金属盐，注意防腐蚀、防毒并对废液进行正确处理。

2. 反应产物包括乙烯、乙醚、乙酸乙酯等组分，注意防爆、防毒。

3. 使用气相色谱时，注意用气安全。

### 七、思考题

1. 温度对乙醇转化为乙酸乙酯反应的热力学函数有何影响？
2. 制备催化剂时，主要根据哪些条件确定催化剂的烘干焙烧温度？
3. 试分析反应温度对催化反应转化率影响的一般规律。
4. 试分析、讨论影响催化剂催化反应性能的因素。

## 实验 5　表面活性剂对结晶紫碱性褪色反应的影响

### 一、实验目的

1. 掌握用分光光度法测定可逆反应平衡常数和正、逆反应速率常数的原理及方法。
2. 了解表面活性剂对化学反应的影响。

### 二、实验原理

反应体系所用的反应介质包括溶剂、离子、超临界流体、聚合物、微波干介质等,严重影响化学反应速率和平衡。合理利用反应介质可以加速主反应的进行,且可以便于回收利用催化剂及分离产品。水是一种常见的反应介质,但是水的表面张力较大,在水中加入表面活性剂能快速降低介质体系的表面张力,改变体系的表面状态,并产生一系列特殊的物理、化学作用。

表面活性剂是一类结构中同时含有中性亲油烃基和极性亲水基团的物质。按离子的类型分类,表面活性剂可分为阴离子型(如烷基硫酸盐、烷基磺酸盐)、阳离子型、两性型和非离子型(如聚乙二醇辛基苯基醚)四类。

水溶液中,低浓度的表面活性剂在水中呈分子状态,并且少量表面活性剂分子把亲油基团聚拢在中心,而分散在水中。随着表面活性剂浓度的增大,越来越多的表面活性剂分子结合形成很大的集团——胶束。随着胶束的形成,溶液的物理、化学性质都产生很大的变化。

按照在水和油中的溶解度,表面活性剂也可以分为水溶型和油溶型两类。在水、油体系加入表面活性剂和助表面活性剂能形成透明或半透明的热力学稳定体系,称为微乳液,它具有超低界面张力、强增溶性和乳化能力,有强大的应用潜力。微乳液作为微反应器为化学反应提供特殊的介质环境,可以减慢或加速化学反应。通过改变表面活性剂的种类、浓度、分散液滴的大小来调控化学反应。

本实验以准一级结晶紫碱性褪色反应为例,研究表面活性剂浓度对反应速率和反应平衡的影响。

当碱液浓度远大于结晶紫(CV)浓度时,结晶紫的褪色反应为 1-1 型可逆反应:

$$OH^- + CV^+ \underset{k_-}{\overset{k_+}{\rightleftharpoons}} CV\text{—}OH$$

式中,$k_+$ 和 $k_-$ 分别为正、逆反应的速率常数,$s^{-1}$。
反应速率方程为:

$$\ln(c_t - c_e) = -(k_+ + k_-)t + \ln(c_0 - c_e) \tag{5-5}$$

式中,$t$ 为反应时间,s;$c_0$ 为 CV 的初始浓度;$c_t$ 为 $t$ 时刻 CV 的浓度;$c_e$ 为 CV 的平衡浓度。由式(5-5)可知 $\ln(c_t - c_e)$ 与 $t$ 呈直线关系,斜率为:

$$k = -(k_+ + k_-) \tag{5-6}$$

且反应平衡常数为:

$$K = \frac{k_+}{k_-} = \frac{c_0 - c_e}{c_e} \tag{5-7}$$

可得：

$$k_+ = \frac{-K}{K+1}k = \frac{c_e - c_0}{c_0}k \tag{5-8}$$

$$k_- = \frac{-1}{K+1}k = \frac{-c_e}{c_0}k \tag{5-9}$$

$CV^+$ 在 590 nm 处有特征吸收，根据朗伯-比尔定律，有：

$$A_t = \varepsilon c_t l \tag{5-10}$$

式中，$A_t$ 为 $t$ 时刻 CV 的吸光度；$\varepsilon$ 为 CV 的摩尔吸光系数；$l$ 为吸收池长度。

联立公式，可解得：

$$\ln(A_t - A_e) = kt + \ln(A_0 - A_e) \tag{5-11}$$

$$k_+ = \frac{A_e - A_0}{A_0}k \tag{5-12}$$

$$k_- = \frac{-A_e}{A_0}k \tag{5-13}$$

式中，$A_0$ 为 CV 的初始吸光度；$A_e$ 为反应达到平衡时 CV 的吸光度。$\ln(A_t - A_e)$ 与 $t$ 呈直线关系，斜率为 $k$。因此，可以通过测定 CV 褪色反应中不同时间 $t$ 时的吸光度 $A$，求得反应的速率常数和反应平衡常数。

### 三、实验仪器与药品

仪器：分光光度计；分析天平；50 mL 烧杯；等等。

药品：0.2 mol·L$^{-1}$ 结晶紫溶液；0.4 mol·L$^{-1}$ 氢氧化钠溶液；0.05 mol·L$^{-1}$ 十二烷基硫酸钠溶液。

### 四、实验步骤

1. 记录当前室温。

2. 在烧杯中加入 5 mL 氢氧化钠溶液，分别加入 1 mL、2 mL、3 mL、4 mL、5 mL 十二烷基硫酸钠（SDS）溶液，用蒸馏水将溶液的总体积补充到 10 mL，混匀，得到 SDS 溶液浓度分别为 0.005 mol·L$^{-1}$、0.010 mol·L$^{-1}$、0.015 mol·L$^{-1}$、0.020 mol·L$^{-1}$、0.025 mol·L$^{-1}$ 的氢氧化钠溶液。

3. 在步骤 2 的溶液中精确移入 0.1 mL 结晶紫溶液，加入的同时开始计时。每 1 min 测定一次溶液的吸光度 $A_t$，连续测 10 min。

4. 在烧杯中加入 10 mL 蒸馏水，精确移入 0.1 mL 结晶紫溶液，测得初始吸光度 $A_0$，重复测 3 次，求平均值。

5. 在烧杯中加入 5 mL 氢氧化钠溶液和 5 mL 蒸馏水，精确移入 0.1 mL 结晶紫溶液，室温下反应达到平衡后，测得平衡吸光度 $A_e$，重复测 3 次，求平均值。

### 五、数据记录及结果处理

**1. 表面活性剂对结晶紫碱性褪色反应的影响数据处理**

① 以 $\ln(A_t - A_e)$ 对 $t$ 作图，并进行直线拟合，得到斜率 $k$。

② 根据式（5-7）求出反应平衡常数。

③ 求正、逆反应的速率常数 $k_+$ 和 $k_-$。

④ 结晶紫褪色反应的正、逆反应的速率常数对表面活性剂浓度作图，分析表面活性剂浓度如何影响结晶紫碱性褪色反应。

### 2. 表面活性剂对结晶紫碱性褪色反应的影响数据记录

(1) $A_e$ 和 $A_0$ 的测定（表 5-5）

**表 5-5  $A_e$ 和 $A_0$ 的测定**

室温：＿＿＿＿＿＿

| 项目 | 1 | 2 | 3 |
|---|---|---|---|
| $A_0$ | | | |
| $\overline{A}_0$ | | | |
| $A_e$ | | | |
| $\overline{A}_e$ | | | |

(2) $A_t$ 的测定（表 5-6）

**表 5-6  $A_t$ 的测定**

| 时间 $t/s$ | 吸光度 | | | | |
|---|---|---|---|---|---|
| | $0.005\ mol·L^{-1}$ | $0.010\ mol·L^{-1}$ | $0.015\ mol·L^{-1}$ | $0.020\ mol·L^{-1}$ | $0.025\ mol·L^{-1}$ |
| 60 | | | | | |
| 120 | | | | | |
| 180 | | | | | |
| 240 | | | | | |
| 300 | | | | | |
| 360 | | | | | |
| 420 | | | | | |
| 480 | | | | | |
| 540 | | | | | |
| 600 | | | | | |

(3) 反应平衡常数和反应速率常数的计算（表 5-7）

**表 5-7  反应平衡常数和反应速率常数的计算**

| 项目 | $0.005\ mol·L^{-1}$ | $0.010\ mol·L^{-1}$ | $0.015\ mol·L^{-1}$ | $0.020\ mol·L^{-1}$ | $0.025\ mol·L^{-1}$ |
|---|---|---|---|---|---|
| $\ln(A_t-A_e)$ 对 $t$ 斜率 $k/s$ | | | | | |
| $K$ | | | | | |
| $k_+/s$ | | | | | |
| $k_-/s$ | | | | | |

### 六、实验注意事项

1. 配制含有表面活性剂的介质体系时，要使表面活性剂完全溶解，以免影响浓度的准确性。

2. 某些表面活性剂会与结晶紫发生缔合作用，会影响体系中的反应物浓度。

## 七、思考题

1. 在什么条件下，可以将结晶紫碱性褪色反应近似为准一级反应？
2. 本实验选用的介质属于油包水型还是水包油型？
3. 以水体系结晶紫褪色反应的速率常数为对照，结合实验数据，分析表面活性剂作为反应介质对反应速率常数的影响。

# 第6章 物理化学实验基本仪器

## 6.1 气压计

### 6.1.1 福丁气压计

测量大气压力的仪器称为气压计。气压计的样式很多，一般实验室常用的是福丁（Fortin）气压计。气压计的外部是一黄铜管，管的顶端是悬环；内部是装有水银的玻璃管，密封一头向上，玻璃管下端插在水银槽内。玻璃管上部是真空，用一块羚羊皮紧紧包住（皮的外缘连在棕榈木的套管上），经过棕榈木的套管固定在槽盖上，空气可以从皮孔出入而水银不会溢出。黄铜管外的上部刻有标尺并开有长方形小窗，用来观察水银柱的高低。窗前有一游标，转动螺旋可使游标上下移动。水银槽底部是一羚羊皮囊，下端由螺旋支持，转动螺旋可调节槽内水银面的高低。水银槽的上部是玻璃壁，顶盖上有一倒置的象牙针，针尖是标尺的零点。

（1）使用方法

先旋转底部螺旋，升高水银面，使水银面与象牙尖端恰好接触，稍等几秒钟，待象牙尖与水银的接触情形无变动时，进行下一步操作。转动调节游标螺旋使游标升起至比水银面稍高，然后慢慢落下直到游标底边与游标后面金属片的底边同时和水银柱凸面顶端相切（在读数时，眼的位置应与水银面在同一水平面上），按照游标下缘零线所对标尺上的刻度，读出大气压力的整数部分；小数部分用游标来读取，从游标上找出一根与标尺上某一刻度相吻合的刻度线，它的刻度就是最后一位小数的读数。记录4位有效数字，同时记下气压计的温度及气压计的仪器误差，然后进行其他校正。

注意：①调节螺旋时动作要缓慢，不可旋转过急；②在调节游标尺与汞柱凸面相切时，应使眼睛的位置与游标尺前后下沿在同一水平线上，然后调到与水银柱凸面相切；③在旋转螺旋使槽内水银上升时，水银柱凸面格外凸出，下降时凸面凸出少些，两种情形都影响读数的正确性，所以在调节螺旋时要轻轻弹一下黄铜外管上部，使水银柱的凸面正常；④发现槽内水银不清洁时，要及时更换水银。

（2）读数的校正

水银气压计的刻度是以 273.2 K 的温度、纬度 45°的海平面高度为标准的。从气压计上直接读出的数值须经过仪器误差、温度、海拔高度、纬度等的校正后，才能得到正确的数值。

① 仪器误差校正。由仪器本身的不精确而造成的读数上的误差，称为"仪器误差"，仪器出厂时都附有仪器误差的校正卡片，大气压力的观测值应首先进行仪器误差校正。

② 温度的校正。在纬度 45°的海平面上，当温度为 273.2 K 时，由 0.76 m 高的水银柱产生的压力被定义为标准大气压。温度改变，水银密度改变，都会影响气压计读数。同时铜

管本身的热胀冷缩也会影响刻度值。由于水银柱胀缩数值较铜管刻度的胀缩值大，所以温度高于273.2 K时，气压值应减去温度的校正值；反之，温度低于273.2 K时，要加上温度的校正值。

一般的铜管是用黄铜制作的，气压计的温度校正值可用下式表示：

$$p_0 = \frac{1+\beta t}{1+wt}p = p - p\frac{wt-\beta t}{1+wt} \tag{6-1}$$

式中，$p$为气压计读数；$p_0$为将读数校正到273.2 K后的数值；$w$为水银在273.2~308.2 K的平均体膨胀系数，$w=0.0001818$；$\beta$为黄铜的线膨胀系数，$\beta=0.0000184$。

③ 重力校正。重力加速度随海拔高度$H$的纬度$i$而改变，即气压计的读数受$H$和$i$的影响。经温度校正后的数值再乘以$[1-2.6\times10^{-3}\cos(2i)-3.1\times10^{-7}H]$即为经重力校正后的气压值。

④ 其他项目校正。其他校正如水银蒸气压的校正、毛细管效应的校正等，因引起的误差较小，一般可不考虑。

福丁气压计是一种真空压力计，它以水银柱所产生的静压力来平衡大气压力$p$，水银柱的高度就可以度量大气压力的大小。毫米汞柱（mmHg）可作为大气压力的单位，它的定义：当水银的密度为13.5951 g·cm$^{-3}$（即0 ℃时水银的密度，通常作为标准密度，用符号$\rho_0$表示）、重力加速度为980.665 cm·s$^{-2}$（即纬度45°的海平面上的重力加速度，通常作为标准重力加速度，用符号$g_0$表示）时，1 mm高的水银柱所产生的静压力为1 mmHg。mmHg与Pa单位之间的换算关系如下：

$$1 \text{ mmHg} = 10^{-3} \text{ m} \times \left(\frac{13.5951\times10^{-3}}{10^{-6}} \text{ kg·m}^{-3}\right) \times (980.665\times10^{-2} \text{ m·s}^{-2}) = 133.322 \text{ Pa} \tag{6-2}$$

### 6.1.2 空盒气压表

空盒气压表以随大气压力变化而产生轴向移动的空盒组作为感应元件，通过拉杆和传动机构带动指针指示出大气压力的值。

当大气压力升高时，空盒组被压缩，通过传动机构使指针顺时针转动一定角度；当大气压力降低时，空盒组膨胀，通过传动机构使指针逆向转动一定角度。空盒气压表测量范围在600~800 mmHg，度盘最小分度值为0.5 mmHg。测量温度在-10~40 ℃。读数经仪器校正和温度校正后，误差不大于1.5 mmHg。空盒气压表的仪器校正值为+0.7 mmHg。温度每升高1 ℃，气压校正值为-0.05 mmHg。例如，温度升高16.5 ℃时，空盒气压表上的读数为724.2 mmHg，仪器校正值为+0.7 mmHg，温度校正值为

$$16.5 \text{ ℃} \times (-0.05 \text{ mmHg·℃}^{-1}) = -0.8 \text{ mmHg}$$

仪器刻度校正值由表查得是+0.6 mmHg，校正后大气压力为：

$$(724.2+0.7-0.8-0.6) \text{ mmHg} = 724.7 \text{ mmHg} = 9.662\times10^4 \text{ Pa}$$

空盒气压表体积小、质量轻，不需要固定，只要求仪器工作时水平放置，但其精确度不如福丁气压计。

在使用空盒气压表时应注意，因为每台仪器在鉴定时的环境温度和大气压力都不尽相同，所以每台仪器的仪器刻度校正值、温度校正值和仪器校正值也都不相同，应根据每台仪器所提供的校正表格里的数据进行校正。

### 6.1.3 数字式气压计

数字式气压计是随着电子技术和压力传感器的发展和应用而产生的新型气压计,其质量轻、体积小、使用方便和读数简单、无汞污染,使用越来越广泛。

数字式气压计的工作原理:①先由精密压力传感器将压力信号转换成电信号;②用放大器放大电信号;③由转换器将电信号转换成数字信号;④由数字显示器输出数字信号,使仪器分辨率低至 0.01 kPa。

数字式气压计使用方法:打开电源,预热 15 min,即可读数。

注意:数字式气压计应放置在空气流动较小且不受强磁场干扰的地方。

## 6.2 气体钢瓶减压阀

氧气、氮气、氢气和氩气等气体是物理化学实验过程中的常用气体。这些气体通常被妥善储存在专业的高压气体钢瓶内。在使用时,通过减压阀将气体压力调整至实验所需范围,随后经过其他控制阀门进行微调,将其输入使用系统中。其中,氧气减压阀是一种较为特殊的常用减压阀,俗称为氧气表。

### 6.2.1 氧气减压阀

氧气减压阀是一种用于控制氧气压力的设备,下面将详细介绍氧气减压阀的结构、功能、型号、使用方法及保养与维护。

氧气减压阀的外观如图 6-1 所示,其结构如图 6-2 所示。氧气减压阀由高压气室、低压气室、调节旋钮、活门、弹簧等主要部件组成。高压气室与气体钢瓶直接连接,低压气室为气体出口,连接使用系统。高压表的示值为钢瓶内贮存气体的压力,而低压表则显示出口压力。

(1) 氧气减压阀结构

① 高压气室:与钢瓶直接连接,负责传递高压气体。

② 低压气室:气体出口,连接使用系统。

③ 调节旋钮:用于控制活门的开度,从而调节高压气体的通过量。

④ 活门:受调节旋钮传动,控制高压气体的进出。

⑤ 弹簧:起到支撑和复位作用,确保活门在调节过程中保持稳定。

图 6-1 氧气减压阀外观图

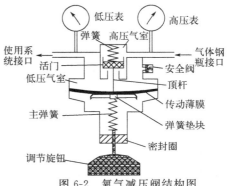

图 6-2 氧气减压阀结构图

(2) 氧气减压阀功能

① 压力调节：通过转动调节旋钮，改变活门开启的高度，从而调节高压气体的通过量，达到所需的压力值。

② 安全保护：减压阀装有安全阀，用于保护减压阀并确保安全使用，在出口压力自行上升并超过一定许可值时，安全阀会自动打开排气，防止压力过高。

(3) 氧气减压阀的型号

在选择氧气减压阀时，需要关注以下几个方面：规格型号、压力等级、阀体材质等。

首先，了解氧气减压阀的规格型号和压力等级。在我国，氧气减压阀的压力等级通常分为 1.5 MPa 和 3.0 MPa 两种，应根据实际应用场景来选择合适的压力等级。此外，氧气减压阀的进口压力范围较大，一般为 15 MPa，而最低进口压力应不小于出口压力的 2.5 倍。出口压力规格较多，一般为 0.25 MPa，最高出口压力可达 3.5~4 MPa。

其次，阀体材质是影响氧气减压阀性能和使用寿命的关键因素。氧气减压阀的阀体材质应符合相关标准，通常采用铜、黄铜、不锈钢等材质。这些材质不仅具有良好的耐腐蚀性和耐高温性，还能确保阀门在使用过程中安全稳定。

在实际应用中，氧气减压阀主要用于氧气、氮气、氩气等气体的调节。为了确保气体输送的安全性和稳定性，还需定期对氧气减压阀进行维护和检查，一旦发现问题，应及时予以处理。

总之，在选购氧气减压阀时，应根据实际需求选择合适的规格型号和压力等级，并关注阀体材质。只有这样，才能确保氧气减压阀在实际应用中发挥出良好的性能，为我国工业领域的发展提供有力支持。

(4) 氧气减压阀的使用方法

氧气减压阀是一种重要的气体减压设备，它的使用对工业生产和实验室研究都至关重要。正确使用氧气减压阀不仅能确保气体安全、准确地供应，而且有助于延长阀门使用寿命。

在使用氧气减压阀之前，首要任务是确保熟悉其基本操作原理和规范。操作员必须接受专业的培训，并了解相关安全规程，确保在实际应用中能够准确、安全地操作。

首先，开启氧气钢瓶的总开关。这一步骤看似简单，却极为关键。不正确的开启方式可能会导致压力突然释放，对操作员和设备造成伤害。通过顺时针转动调节旋钮，使主弹簧受到压缩，进而驱动传动薄膜、弹簧垫块和顶杆联动工作，开启活门。这样，高压气体得以从高压气室经过节流减压后进入低压气室，并从出口流向使用系统。

值得一提的是，务必严格禁止氧气阀门接触油脂。油脂与氧气混合极易引发火灾，其危险性不言而喻。因此，在安装和使用过程中，务必保持氧气减压阀的清洁，防止任何油脂物质接触到阀门内部或外部。同时，为防止火灾事故的发生，周围应严禁烟火。

在安装过程中，为确保稳定性和安全性，本类阀门应保持水平，并安装在坚固、稳定的管道中。任何震动或移位都可能影响其正常工作，甚至引发安全事故。因此，固定和支撑措施必须到位。

在每次工作结束后或长期不使用时，应将减压阀中的剩余气体排放干净。这一步骤至关重要，因为残留在阀门内的气体可能对下一次使用造成影响，甚至可能导致阀门工作异常。排放气体后，应松开调节旋钮，以防弹性元件长时间受压导致变形或损坏。

（5）氧气减压阀的保养与维护

在常规使用中，减压阀需要定期维护和检查。这包括保持阀门清洁和干燥，避免长期暴露在潮湿环境中。潮湿的环境可能导致锈蚀和功能失效。此外，定期检查减压阀本体及压力表的密封性是必要的。任何微小的泄漏都可能对整体性能产生影响。通过定期清洗阀门上的灰尘和污垢，并保持干燥，可以防止各零部件生锈、磨损或卡滞。

对于长期不使用的氧气减压阀，为防止部件生锈或功能失效，建议进行适当的拆卸、清洗和保养。在存放期间，应选择干燥、通风的环境，并避免阳光直射。同时，为确保安全性和可靠性，建议使用与原件相同规格型号的零部件进行维修和更换。

此外，除了对氧气减压阀本身的维护外，操作员还需要注意其他相关的安全问题。例如在打开气瓶阀之前先要把减压器调节旋钮逆时针方向旋到主弹簧不受压为止；打开气瓶阀时不要站在减压阀的正面或背面；气瓶阀应缓慢开启至高压指示出瓶压读数；顺时针方向旋转调节旋钮，使低压表达到所需的工作压力；检查是否漏气；等等。需要细致地完成每一步操作，确保设备和人员的安全。

通过以上详尽的使用方法和日常维护措施，不仅能使氧气减压阀正常、稳定地工作，而且可以显著延长其使用寿命，同时为操作员提供更好的安全保障。只有在严格遵守操作规程和维护要求的前提下，氧气减压阀才能发挥其最大的效能，为工业生产和实验室研究提供可靠的支持。

## 6.2.2　其他气体减压阀的应用与选择方法

在现代工业生产和日常生活中，压缩气体被广泛应用。为确保气体的安全使用，各种气体减压阀应运而生。这些减压阀根据不同的需求和应用，分为多种类型。下面将详细介绍一些常见的气体减压阀及其应用，以帮助大家更好地了解和选择合适的气体减压阀。

① 氮气减压阀。氮气在许多工业过程中都被用作保护气体或载气。氮气减压阀就是专门用于氮气的高压气体减压阀。这类减压阀适用于需要高纯度氮气的场合，如半导体生产、灯泡制造等。在氮气减压阀的选择上，要考虑阀门材质、调节精度、接口尺寸等因素，确保其性能稳定，安全可靠。

② 空气减压阀。空气减压阀适用于压缩空气的减压。通过精确调节，它可以为各种气动设备提供稳定的低压空气供应，如气动工具、气马达、气动控制元件等。在空气减压阀的选择上，要关注阀门材质、调节范围、压力稳定性等方面的性能，以确保气动设备的正常运行。

③ 氩气减压阀。氩气减压阀用于氩气的高压气体减压。氩气在焊接和切割等领域具有广泛应用，因为它可以防止焊缝氧化。因此，氩气减压阀在这些行业中具有重要地位。在氩气减压阀的选择上，要注重阀门材质、调节精度、氩气纯度等方面的要求，确保焊接和切割质量。

④ 氢气减压阀。氢气在许多领域有广泛应用，如氢燃料电池、石油精炼等。氢气减压阀是专门用于氢气的高压气体减压阀，能够确保氢气的安全使用。在氢气减压阀的选择上，要关注阀门材质、密封性能、调节精度等方面的要求，确保氢气供应的安全和稳定。

⑤ 氨气减压阀。氨气在工业流程和实验操作中有广泛应用。氨气减压阀专为氨气的高压气体减压设计，能够为相关领域提供稳定可靠的氨气供应。在氨气减压阀的选择上，要考

虑阀门材质、密封性能、调节精度等方面的要求，确保氨气供应的安全和稳定。

⑥ 乙炔减压阀。乙炔气体在焊接、切割等作业中具有重要作用。乙炔减压阀适用于乙炔气体的减压，能够为相关应用提供合适的乙炔气体压力。在乙炔减压阀的选择上，要关注阀门材质、密封性能、调节精度等方面的要求，确保乙炔气体供应的安全和稳定。

⑦ 丙烷减压阀。丙烷气体在烧烤、加热等领域具有广泛应用。丙烷减压阀专为丙烷气体的减压设计，适用于需要丙烷的场合。在丙烷减压阀的选择上，要考虑阀门材质、调节精度、接口尺寸等因素，确保丙烷气体供应的安全和稳定。

⑧ 水蒸气减压阀。水蒸气在工业生产和民用领域具有广泛应用。水蒸气减压阀适用于水蒸气的减压，能够为各类设备提供稳定的水蒸气供应。在选择水蒸气减压阀时，要关注阀门材质、调节精度、接口尺寸等方面的要求，确保水蒸气供应的安全和稳定。

使用这些气体减压阀时，应注意遵守相关的安全规定和操作规程。在选择气体减压阀时，要根据具体的气体和应用场景进行合理选择。总之，正确选择和使用气体减压阀，能够确保气体的安全使用，降低事故风险。同时，还要定期对气体减压阀进行维护和检查，确保其性能稳定，延长使用寿命。通过了解和掌握这些知识，可以更好地利用气体减压阀，为生产生活提供安全、稳定的气体供应。

## 6.3 数字式精密温度温差测量仪

### 6.3.1 概述

目前高等院校物理化学实验课程中的燃烧热测定、溶解热测定以及电力、煤炭部门中的煤样发热量的测试，大多还使用贝克曼温度计进行精密温差测量，不仅整个实验过程的操作、记录及最终数据处理的工作量大，而且贝克曼温度计调整麻烦，操作不慎易引起玻璃外壳破损，造成实验室汞污染。

数字式精密温度温差测量仪是一种高精度的温度测量仪器，其功能和贝克曼温度计相同，可用于精密温差测量，广泛应用于各种需要精确测量温度的场合。该仪器采用数字技术，能够快速、准确地测量温度并显示测量结果，同时还具有温差测量功能，能够方便地比较两个物体之间的温度差。数字式精密温度温差测量仪具有使用简单、稳定性好、精度高等优点，可广泛应用于科学研究、工业生产、实验测试等领域。

### 6.3.2 硬件组成

数字式精密温度温差测量仪的硬件主要由以下几个部分组成：

① 温度传感器：采用高精度热敏电阻或热电偶等传感器，能够快速响应温度变化，将温度信号转换为电信号。

② 信号处理电路：将传感器输出的电信号进行放大、滤波、线性化等处理，以减小误差并提高测量精度。

③ A/D 转换器：将模拟信号转换为数字信号，以便于微处理器进行处理。

④ 微处理器：控制整个仪器的运行，对 A/D 转换器输出的数字信号进行处理，计算出温度值并在显示器上显示。

⑤ 显示器：采用液晶显示屏或数码管等显示器件，显示当前温度值或温差值。

⑥ 电源：为仪器提供稳定的电源，保证其正常工作。

### 6.3.3 原理

数字式精密温度温差测量仪主要基于热敏电阻或热电偶的温度特性。热敏电阻是一种半导体材料，其电阻值随温度变化而变化，因此可以通过测量热敏电阻的电阻值来计算温度。而热电偶则是利用热电效应原理，将温度差转换成电势差，从而通过测量电势差来计算温度差。数字式精密温度温差测量仪通过采集传感器的电信号，经过信号处理电路和 A/D 转换器的处理，由微处理器计算出温度值或温差值，最后在显示器上显示。由于采用了数字技术，该仪器具有较高的精度和稳定性，能够满足各种高精度温度测量的需求。

### 6.3.4 性能

数字式精密温度温差测量仪的性能主要包括以下几个方面：
① 测量范围：根据不同的型号和传感器类型，仪器的测量范围也会有所不同，一般来说，数字式精密温度温差测量仪的测量范围在 −50～+300 ℃之间。
② 分辨率：仪器的分辨率是指其能够显示的最小温度单位，一般来说，数字式精密温度温差测量仪的分辨率为 0.01 ℃或 0.02 ℃。
③ 精度：仪器的精度是指其测量的准确度，一般来说，数字式精密温度温差测量仪的精度在 ±0.2 ℃以内。
④ 响应时间：仪器的响应时间是指其从启动测量到显示稳定结果所需的时间，一般来说，数字式精密温度温差测量仪的响应时间在 1 s 以内。
⑤ 尺寸和重量：仪器的尺寸和重量根据不同的型号会有所不同，一般来说，数字式精密温度温差测量仪的尺寸较小、重量较轻，便于携带和使用。
⑥ 其他功能：部分数字式精密温度温差测量仪还具有数据存储、输出接口等功能，能够方便地与其他设备进行连接和数据传输。

### 6.3.5 使用方法

使用数字式精密温度温差测量仪时，需要遵循以下步骤：
① 安装传感器：依据仪器类型及测量需求，挑选适宜的温度探头，并依照说明书进行正确安装；安装完毕后，将两个温度探头置于恒温槽内。
② 开机：连接电源插头，启动电源开关，LED 显示屏亮起；经过 5 min 预热，温度显示窗口呈现实际温度值，温度/温差显示窗口展示温差数据；若需查看温度数值，按下"温度/温差"约 1 s 后松开，设备将切换至显示温度数值状态。
③ 置零：在进行温差测量时，当显示数值稳定后，需按下"置零"按钮并保持约 2 s，此时参考值 $T_0$ 将自动设定在 0.000 ℃附近；若要避免在测量过程中误操作"置零"按钮，可先行按下"锁定"键，待"锁定"指示灯亮起后，计时窗口将开始循环计时。
④ 读数：通过调整槽内温度，待槽内温度稳定后读取温度值 $T_1$，可得 $T=T_1-T_0$；若设定 $T_0=0.000$ ℃，则 $T=T_1$；与贝克曼温度计相比，操作简便且读数稳定。
⑤ 多次测量：在进行预热并按下"复位"按钮的过程中，有可能出现仪器自动换挡的现象，此时只需稍作等待即可；此外，为确保仪器精度和跟踪范围，每次测量的初始值 $T_0$

应控制在约 0.000 ℃，或在 −10 ℃ 至 +10 ℃ 的范围内保持稳定；若不符合上述条件，需按照步骤③操作进行置零处理。

⑥ 关闭设备：在完成使用后，请按下关闭按钮以关闭设备；如有其他需求（如数据传输等），请参阅说明书进行相应操作。

⑦ 设备维护与管理：为确保设备性能稳定及安全性，需定期实施清洁保养，以保持设备优良状态；若出现故障或异常现象，可依据使用说明书或直接与生产厂家联系，进行相应维修处理。

### 6.3.6 注意事项

① 使用前应仔细阅读说明书，了解仪器的操作方法、注意事项等基本知识；如有疑问，应及时咨询厂家或专业技术人员；初次使用时，建议在专业人员指导下进行操作。

② 仪器的使用环境应保持清洁、干燥，避免阳光直射或暴露在高温、潮湿的环境中，以免影响仪器性能。同时，要确保仪器平稳放置，避免剧烈震动和撞击，以免损坏仪器内部元件。

③ 在使用过程中，应严格按照说明书中的操作步骤进行，切勿擅自修改或省略。操作时，应确保手部清洁，以免污物进入仪器内部，影响仪器正常工作。

④ 在测量过程中，要确保被测物体的表面清洁、无尘，以免影响测量精度。同时，要避免在强电磁场环境下使用仪器，以免干扰测量结果。

⑤ 仪器的维护与保养也非常重要。定期检查仪器各部件的磨损情况，发现异常应及时更换或维修。同时，要定期清理仪器表面的污垢，保持仪器外观整洁。

⑥ 为了保证测量结果的准确性，应定期对仪器进行校准。校准过程中，要严格按照相关规定操作，确保校准结果的可靠性。

⑦ 使用完毕后，应将仪器关闭并拔掉电源插头，以免长时间待机导致设备损坏。同时，将仪器放置在干燥、通风的地方，避免阳光直射和潮湿环境。

⑧ 遇到故障时，不要自行拆卸修理，以免损坏仪器，应立即联系厂家或专业技术人员进行检修。

## 6.4 酸度计

酸度计又称 pH 计，是利用 pH 指示电极以电位法测定溶液 pH 值的仪器，也可以测量还原电极电势。pH 计由参比电极、玻璃电极和电流计组成。1947 年以来，为了测量方便，将测量电极和参比电极组合成一个单元，称为复合电极。

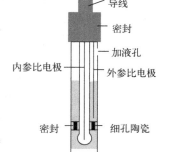

图 6-3 复合电极结构示意图

### 6.4.1 复合电极的结构和原理

图 6-3 为复合电极的结构，下端为直径 5~10 mm、厚度为 0.1 mm 的玻璃小球，其内阻 ≤ 250 MΩ，由对氢离子敏感的特殊玻璃制成。内参比电极和外参比电极都是 Ag-AgCl 电极，内参比溶液为 AgCl 饱和的 0.1 mol·L$^{-1}$ HCl 溶液，外参比溶液

为 AgCl 饱和的 3 mol·L$^{-1}$ KCl 溶液。

玻璃电极与甘汞电极构成如下电池：

Ag｜AgCl｜HCl(0.1 mol·L$^{-1}$)｜玻璃膜｜待测溶液(pH=x)｜KCl(3 mol·L$^{-1}$)｜AgCl｜Ag

在 298 K 时：

$$E=\varphi_{甘汞}-\varphi_{玻璃}=0.2800\text{ V}-(\varphi_{玻璃}^{\ominus}-0.05916\text{ VpH}_x) \tag{6-3}$$

这样，可以得到：

$$\text{pH}_x=\frac{E-0.2800\text{ V}+\varphi_{玻璃}^{\ominus}}{0.05916\text{ V}} \tag{6-4}$$

式中，$\varphi_{玻璃}^{\ominus}$ 为玻璃电极的标准电势，不同的玻璃膜的组成和厚度、制备手续和使用程度不同，所以 $\varphi_{玻璃}^{\ominus}$ 很难测定。一般在实际的测量中，是用已知 $\text{pH}_S$ 的标准缓冲溶液进行测定，测定其 $E_S$，然后测定未知溶液的 $E_x$，两式相减，得未知溶液的 $\text{pH}_x$ 值。

$$\text{pH}_x=\frac{E_x-E_S}{0.05916\text{ V}}+\text{pH}_S \tag{6-5}$$

在使用复合电极时应注意：

① 新的或长时间未使用的复合电极，要在 KCl 溶液（3 mol·L$^{-1}$）里浸泡 24 h。实验结束后复合电极必须用蒸馏水洗干净，然后放置于含有 3 mol·L$^{-1}$ KCl 的保护套中。

② 保护好玻璃球膜，球膜稍有破损或者擦毛都会导致电极失效。

③ 使用时要检查电极管中的外参比液，如溶液不足，从电极上端的小孔中添加 AgCl 饱和的 3 mol·L$^{-1}$ KCl 溶液。

④ 保持电极引出端干燥清洁，不能长时间把电极浸泡在蒸馏水、酸性氟化物溶液和蛋白质溶液中，电极不能接触有机硅油脂。

⑤ 复合电极有效期为 1 年，如使用、保管得当可延长使用期。

### 6.4.2 酸度计

（1）仪器准备

① 测量前预热酸度计 30 min。

② 将参比电极、已活化（24 h）的工作（测量）电极、电极架、标准溶液和被测溶液准备就绪。

③ 将多功能电极架插入多功能电极架插座中。

④ 将 pH 复合电极安装在电极架上。

⑤ 将 pH 复合电极下端的电极保护套拔下，并且拉下电极上端的橡胶套使其露出上端小孔。

⑥ 缓冲溶液的配制方法：

a. pH=4.00 溶液：将 10.12 g 邻苯二甲酸氢钾（GR）溶解于 1000 mL 的高纯水中。

b. pH=6.86 溶液：将 3.387 g 磷酸二氢钾（GR）、3.533 g 磷酸氢二钠（GR）溶解于 1000 mL 的高纯水中。

c. pH=9.18 溶液：将 3.80 g 四硼酸钠（GR）溶解于 1000 mL 的高纯水中。

注意：配制溶液所用的水，应预先煮沸 15～30 min，以除去溶解的二氧化碳；在冷却过程中应避免与空气接触，以防止二氧化碳的污染。

(2) 标定

仪器使用前首先要标定。一般情况下仪器在连续使用时，每天要标定一次。

① 单点标定：将电极插入标准缓冲溶液（pH=6.86）中，用温度计测得溶液温度；按温度键进入温度设置界面，按"温度△""温度▽"调节至当前温度，按"确认"键回到测量界面；待读数稳定后按"定位"键，仪器闪烁显示"Std YES"提示是否进行标定，按"确认"键进入标定状态；仪器自动识别该温度下标准缓冲溶液的 pH 值，按"确认"键完成单点标定。

② 两点标定：仪器回到 pH 测量状态，将电极清洗后插入另一标准缓冲溶液（pH=4.00 或 pH=9.18），待读数稳定后，用温度计测得溶液温度；按温度键进入温度设置界面，按"温度△""温度▽"调节至当前温度，按"确认"键回到测量界面；待读数稳定后按"斜率"键，仪器闪烁显示"Std YES"提示是否进行标定，按"确认"键进入标定状态；仪器自动识别该温度下标准缓冲溶液的 pH 值，按"确认"键完成两点标定。

③ 仪器回到 pH 测量状态，标定结束，电极清洗后可对被测溶液进行测量。

(3) 测量 pH 值

经标定过的仪器，即可用来测量被测溶液。被测溶液与标定溶液温度可能相同，也不能不同，所进行的测量步骤也有所不同。被测溶液与定位溶液温度相同时的具体操作步骤如下：

用蒸馏水清洗电极头部，再用被测溶液清洗，把电极浸入被测溶液中，用玻璃棒搅拌，使溶液均匀，在显示屏上读出溶液的 pH 值。

## 6.5 电位差计

电位差计（即电势差计、电位计）是依据待测电压和已知电压相互补偿（对消）的原理而制成的高精度测量电池电动势的仪器。由于采用电位补偿的方法，电位差计避免了由电源内阻产生的误差，在没有电流通过的情况下测量电池两端电动势，极大地提高了测量的精确度和灵敏度。

### 6.5.1 工作原理

补偿法测原电池电动势原理如图 6-4 所示。

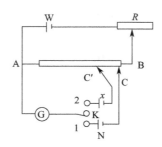

图 6-4　补偿法测原电池电动势原理

W—工作电池；N—标准电池；$x$—待测电池；R—可变电阻；G—检流计；K—转换开关；
AB—滑线电阻；C、C'—接触点

滑线电阻 AB 经由可变电阻 $R$ 与工作电池构成回路，可以在 AB 两端产生均匀的电位降。将转换开关合在"1"的位置上，改变滑动接触点的位置，使检流计无电流通过，则 AC 两端电位差与标准电池电动势 $E_N$ 刚好抵消。用同样的方法，将开关合在"2"的位置上，改变滑动接触点的位置，使检流计无电流通过，则 AC′ 两端电位差与待测电池电动势 $E_x$ 刚好抵消。滑线电阻上两点间电位差与电阻长度成正比，因此待测电池电动势 $E_x = E_N (l_{AC} - l_{AC'})$。

### 6.5.2 电位差计使用方法

① 开机：用电源线将仪表后面板的电源插座与 220 V 电源连接，打开电源开关（ON），预热 15 min 后进入下一步操作。

② 将功能选择拨至"外标"，用导线将"外接"接口短路连接，将电动势旋钮归零，按下"校准"按钮，平衡指示显示为零。

③ 将外用标准电池或仪器自带基准接在"外标"，将功能选择拨至"外标"，扭动电动势旋钮将电动势旋至标准/基准电池电动势，按下"校准"按钮，平衡指示显示为零。

④ 将功能选择拨至"测量"，连接待测原电池在"测量"位置，扭动电动势旋钮使平衡指示接近于 0，"电动势指示"显示所测得电动势值。

⑤ 关机：实验结束后关闭电源。

### 6.5.3 使用注意事项

① 仪器应置于通风、干燥、低温、无腐蚀性气体的场所。
② 只有专业检修人员才可以打开机盖进行维修。
③ 不要在仪器上堆放其他物品。
④ 不要在通电状态下打开仪器面板。

## 6.6 数字阿贝折射仪

数字阿贝折射仪是一种用于测量透明、半透明液体或固体的折射率和平均色散的仪器。这种仪器通常采用目视瞄准、背光液晶显示，具有温度修正功能，测定糖度时可进行温度修正，并且采用硬质玻璃作为棱镜，不易磨损。

数字阿贝折射仪广泛应用于石油、化学、制药、制糖、食品工业及有关高等院校和科研机构，用于测定透明、半透明液体或固体的折射率，也可以用于制糖、制药、饮料、石油、食品、化工工业生产、科研、教育部门的检测分析。它可以测定液体的折射率、糖水溶液中的干固物的质量分数即糖度（brix），以及固体的折射率 $n_D$ 和平均色散（$n_f - n_c$）。数字阿贝折射仪具有较高的相对误差，一般在 2% 以内，且不受颜色、浑浊度等影响。在测量过程中，需要保持样品温度为 0～70 ℃。此外，数字阿贝折射仪还具有标准打印接口，可直接打印输出数据。

### 6.6.1 基本原理

折射现象和折射率测定的原理是光的折射定律。当光从一个介质（如空气）进入另一个介质（如液体）时，会发生折射现象。折射定律表明，入射角与折射角之间的关系是恒定的，且与介质的折射率有关。折射率是表示光线在介质中传播时弯曲程度的物理量，不同的介质有不同的折射率。因此，通过测量液体的折射率，可以了解其成分和浓度等信息。

数字阿贝折射仪的主要技术参数包括折射率 $n_D$、糖度、温度显示范围等。在使用时，需要将棱镜与待测液体接触，使光线在棱镜和液体界面上产生折射现象。然后，通过测量折射角和入射角，可以计算出液体的折射率。同时，数字阿贝折射仪具有温度修正功能，可以消除温度对测量结果的影响。

### 6.6.2 使用注意事项

仪器操作规范：使用前应熟悉仪器的操作规范，按照说明书正确操作仪器。

样品处理：对待测液体样品进行处理，保证其表面干净、无杂质，以免影响测量结果。

温度控制：在测量过程中，应保持样品温度在一定范围内，以保证测量结果的准确性。

仪器校正：定期对仪器进行校正，确保其准确性。

注意事项：避免样品受到机械损伤或化学腐蚀，以确保测量的准确性；同时，注意仪器的保养和维护。

## 6.7 旋光仪

### 6.7.1 旋光现象和旋光度

自然光是横波，振动方向为垂直于传播方向的一切方向。当自然光被某些物体反射和折射后，只向一个方向振动，称为偏振光，可用于旋光度的测量。

很多物质具有旋光性，如蔗糖、葡萄糖、果糖、石英、酒石酸等。它们的溶液或晶体可以将平面偏振光的振动方向旋转一定的角度。使偏振光向左旋的物质称为左旋物质，向右旋的物质称为右旋物质。旋光度的测定可用来鉴定物质。

### 6.7.2 旋光仪的构造和原理

旋光仪的主体是两块尼科尔（Nicol）棱镜。尼科尔棱镜是将方解石沿一个对角面剖成两块直角棱镜，再用加拿大树胶将剖面黏合起来（图6-5）而制成的。

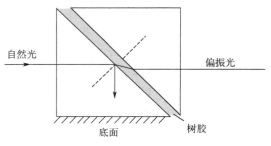

图 6-5 尼科尔棱镜

当光线射入棱镜后，分解为两束偏振光：寻常光线（折射率为 1.658）和非寻常光线（折射率为 1.486）。寻常光线以稍大于临界角的角度入射在黏合面上，在树胶层（折射率为 1.550）上全反射到棱镜底面。非寻常光线不会在树胶层发生全反射，而是穿过第二个棱镜后形成一束偏振光。这束偏振光的振动平面就是棱镜对应于这条光线的主截面。如果两个棱镜的主截面平行，则前一个棱镜产生的偏振光一定能通过后一个棱镜。前一个棱镜称为起偏振器，后一个棱镜称为检偏振器。如果前后棱镜的主截面夹角（$\theta$）为90°，则偏振光完全不能通过后一个棱镜。两棱镜夹角介于0～90°之间，仅部分通过偏振光线（图6-6）。在 $OE$ 方向上，振幅为 $A$ 的偏振光可以分解为两个互相垂直的分量，振幅分别为 $A\cos\theta$ 和 $A\sin\theta$。但只有与检偏振器方向重合的偏振光才能透过，其振幅为 $A\cos\theta$。由于光强度 $I$ 正比于振幅的平方，计算公式如下：

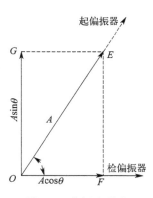

图6-6　偏振光强度

$$I = A^2\cos\theta^2 = I_0\cos\theta^2 \tag{6-6}$$

式中，$I_0$ 是透过起偏振器的光强；$I$ 是透过检偏振器的光强。当 $\theta=0°$ 时，$A\cos\theta=A$，此时透过检偏振器的光最强。当 $\theta=90°$ 时，$A\cos\theta=0$，此时没有光透过。旋光仪利用透光的强弱来测定样品的旋光度。

旋光仪的结构包括：钠光光源 S、起偏振器 $M_1$、石英片 $M_2$、检偏振器 $M_3$（带刻度盘）、旋光管 P（盛放待测样品溶液）、目镜 B（图6-7）。

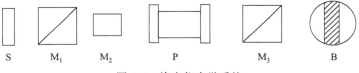

图6-7　旋光仪光学系统

$M_3$ 带着刻度盘一起转动，可以从刻度盘上读出旋转的角度。当 $M_3$ 和 $M_1$ 相互垂直时，在目镜中观察到黑暗视野。由于待测溶液具有旋光性，必须将 $M_3$ 旋转一定的角度，才能在目镜中观察到黑暗视野，旋转角度 $\alpha$ 即为待测样品的旋光度。由于人的视力对鉴别两次全黑相同的误差较大（约4°～6°），因此设计了一种三分视野，以提高观察的精确度。在 $M_1$ 中部的后方放一块狭长的石英片 $M_2$。因为石英片具有旋光性，偏振光经 $M_2$ 后偏转了角度 $\alpha$，在 $M_2$ 后观察到的视野如图6-8(a)。$OE$ 是经 $M_1$ 后的振动方向，$OE'$ 是经 $M_1$ 再经 $M_2$ 后的振动方向。此时呈现的三分视野为左右两侧亮度相同，而中间不同，$\alpha$ 角称为半荫角。如果旋转 $M_3$ 的位置使 $OF$ 与 $OE'$ 垂直，即经过石英片 $M_2$ 的偏振光不能透过 $M_3$。目镜中的三分视野为中部黑暗而左右两侧较亮，如图6-8(b) 所示。若旋转 $M_3$ 使 $OF$ 与 $OE$ 垂直，则三分视野为中部较亮而两侧黑暗，如图6-8(c)。调节 $M_3$ 位置使 $OF$ 的位置恰巧在图6-8(c) 和图6-8(b) 之间，可以使视野三部分明暗相同，如图6-8(d)。此时 $OF$ 恰好垂直于半角的角平分线 $OP$。三分视野易于人们判断。因此测定时先在旋光管 P 中盛无旋光性的蒸馏水，转动 $M_3$ 调节三分视野明暗度相同，此时的读数为旋光仪的零点。当 P 管中盛有旋光性的待测溶液后，由于 $OE$ 和 $OE'$ 的振动方向都发生偏转，只要相应地把检偏振器 $M_3$ 转动一定角度，就可以使三分视野的明暗度相同，刻度盘读数与零点之差即为待测溶液的旋光度。测定时若需将检偏振器 $M_3$ 顺时针方向转一定角度才可使三分视野明暗相同，则为右旋，反之则为左旋，角度前加负号表示。

若调节检偏振器 $M_3$ 使 $OF$ 与 $OP$ 重合，如图6-8(e) 所示，呈现明暗相同的三分视野。由于 $OE$ 与 $OE'$ 在 $OF$ 上的光强度比 $OF$ 垂直 $OP$ 时大，三分视野特别亮。人们的眼睛对弱亮度变化比较灵敏，调节亮度相同的位置更为精确，所以总是选取 $OF$ 垂直 $OP$ 的情况作为旋光度的标准。

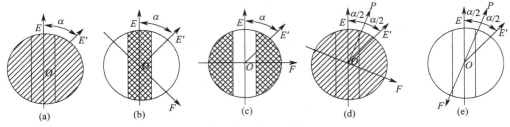

图 6-8 旋光仪的测量原理

### 6.7.3 影响旋光度测定的因素

(1) 溶剂的影响

旋光度主要由物质本身的构型决定。此外，旋光度还取决于测量时所用的光的波长、测量温度和光波穿过待测物质的厚度。如果待测样品是溶液，则影响因素还包括溶剂类型、待测物质的浓度。因此在不同的条件下，旋光度的测定结果常常不一样。因此测定比旋光度 $[\alpha]_t^D$ 时，应说明溶剂，如果不说明，溶剂一般为水。

(2) 温度的影响

旋光管长度随温度升高而增加，且液体密度随温度升高而降低。温度的变化还可能导致待测分子间缔合或离解，改变分子本身旋光度，具体的温度效应的表达式如下：

$$[\alpha]_t^\lambda = [\alpha]_{20}^D + Z(t - 20\ ℃) \tag{6-7}$$

式中，$Z$ 为温度系数，各种物质的 $Z$ 值不同，一般介于 $-0.04 \sim -0.01\ ℃^{-1}$ 之间；$t$ 为测定时的温度，℃。

测定时必须恒温，可以在旋光管上安装恒温夹套，或将旋光仪与超级恒温槽配套使用。

(3) 浓度的影响

在固定的实验条件下，通常待测物质的旋光度与其浓度成正比。比旋光度为常数，但旋光度和浓度之间并非严格的线性关系，因此比旋光度严格地说并非常数。在给出 $[\alpha]_t^\lambda$ 时，必须说明待测物质浓度。精密测定中比旋光度和浓度之间的关系，可采用拜奥特（Biot）提出的下列公式之一表示：

$$[\alpha]_t^\lambda = A + Bq \tag{6-8}$$

$$[\alpha]_t^\lambda = A + Bq + Cq^2 \tag{6-9}$$

$$[\alpha]_t^\lambda = A + \frac{Bq}{C+q} \tag{6-10}$$

式中，$A$、$B$、$C$ 为常数，可从不同浓度的几次测定中加以确定；$q$ 为待测溶液的质量浓度。

(4) 旋光管长度的影响

旋光度与旋光管的长度成正比，旋光管一般有 10 cm、20 cm、22 cm 三种规格。10 cm 长的旋光管比较方便计算比旋光度。20 cm、22 cm 的旋光管有利于提高测量旋光能力较弱或者浓度较稀待测液的准确度，降低测定的相对误差。

### 6.7.4 旋光仪的使用

(1) 旋光仪预热

打开电源，预热仪器数分钟。待光源稳定后，从目镜观察视野，如果视野不清，调节目镜焦距。

（2）零点校正

扭开旋光管一端的盖子，倒放在实验台上（注意盖内玻片，以防跌碎）。洗净旋光管，用蒸馏水润洗后装满旋光管并使液体在管口形成一凸出的液面。沿管口将玻片轻轻推入盖好（旋光管内尽量没有气泡，以免观察时影响视野），旋紧管盖。擦干旋光管外壁的液体。将旋光管放入旋光仪中，旋转刻度盘直至三分视野中明暗度相等为止，以此为零点。

（3）旋光度的测定

用待测溶液润洗并装满旋光管，按上法进行测定，记录测得的旋光数据。

### 6.7.5 旋光仪使用注意事项

① 旋光仪使用前要经过预热，但钠光灯不宜使用时间过长。
② 请不要随意拆卸仪器，以免影响测量结果。
③ 仪器存放及使用过程中应注意防腐。
④ 避免硬物接触旋光仪的光学镜片，以免损坏。

## 6.8 电导率仪

电导的测量是一种常用的电化学测量技术，在物理化学实验中有着重要的意义。电解质溶液的电导反映了溶液中离子的状态和行为。由于稀溶液的电导与离子浓度线性相关，因而被广泛应用于分析化学和化学动力学检测。电导是电阻的倒数，测量电导实际是测量电阻，然后通过计算得出电导值。实验室中常用电导仪或电导率仪测定溶液的电导。

目前，实验室中使用最多的是数字式电导率仪，它的工作原理如下：将振荡器产生的交流电压加在电导池的电极上；经放大、检波电路变换为直流电压；由集成 A/D 转换器转换为数字信号；将测量结果用数字显示出来。电导率仪装有电容补偿调节器，用于消除电导池分布电容对测量结果的影响。由于电解质溶液的电导率是随温度变化而变化，其温度系数为 1%～2%，因此电导率仪还设有温度补偿调节器，当调节器调节到实验温度时，仪器将显示 25 ℃时的电导率。如果测定实际温度下溶液的电导率，就不需要进行温度补偿。

### 6.8.1 电导电极

电导电极即电导池，一般采用高度不溶性玻璃或石英制成。电极主要包括两个并行设置的铂片电极，电极间充满待测溶液。电导值的测量应尽可能避免电解质溶液中存在杂质，因此配制电解质溶液的水一般都采用电导水（电导率为 $0.8 \times 10^{-6} \sim 3 \times 10^{-6}$ S·cm$^{-1}$）。为了精密测量电导率，应尽量减少电极的极化。测量时要求待测溶液的电阻小于 $5 \times 10^5$ Ω，以确保能准确检出交流电桥的不平衡信号。待测溶液的电阻也不能太低，一般要求大于 100 Ω。对于某一确定的电导池，一般要求待测体系溶液的最高电阻值与最低电阻值之比在 50∶1 之内。由于浓度不同的强、弱电解质溶液，其电导率通常介于 $10^{-7} \sim 10^{-1}$ S·cm$^{-1}$ 之间，因此常常需要多个不同数量级的电导池来满足测量的要求。

① 若被测溶液的电导很低（小于 $5 \times 10^{-6}$ S），电导池中通过的测量电流小，极化现象不严重，可用光亮电极测量。

② 若被测溶液的电导介于 $5\times10^{-6}\sim1.5\times10^{-1}$ S，必须使用铂黑电极。这是因为电极镀铂黑后，可以增加电极的表面积，减小电流密度，降低活化超电势，从而减少电极极化。

③ 若被测溶液的电导介于 $1.5\times10^{-1}\sim5\times10^{-1}$ S，即溶液的电阻极小，必须用 U 形电导池检测。这种电导池两极间距离长、孔径小，电导池常数很小。

### 6.8.2 电导率测定的应用

（1）测定水的纯度

水中含有电解质，一般用水的电导率较大，普通蒸馏水电导率约为 $1\times10^{-3}$ S·m$^{-1}$，去离子水和高纯度的"电导水"的电导率可低于 $1\times10^{-4}$ S·m$^{-1}$，纯水的理论电导率为 $5.5\times10^{-6}$ S·m$^{-1}$。因此，可以通过测量水的电导率确定水的纯度。

（2）测量难溶盐的溶解度

难溶盐（如：$BaSO_4$、$AgCl$、$PbSO_4$）的浓度很难用普通分析方法直接测定，但可以利用电导率测定方法间接求得。

（3）电导滴定

电导滴定通过滴定过程中溶液电导变化来确定滴定终点，尤其适用于有颜色的溶液或在终点时颜色变化不明显的体系。此法的优点是不需要加入指示剂，不用担心滴过终点。

（4）其他方面的应用

电导测量方法的应用较为广泛，除上述外还可以测定弱电解质的解离常数（参见第 3 章实验 12）、水的离子积、反应速率常数、表面活性剂的临界胶束浓度（参见第 3 章实验 24）等。

## 6.9 电化学分析仪

电化学测定通过将化学变化转变为电化学反应，即测定反应体系中的电位、电流或者电量来进行分析测定，具体包括电流-电位曲线的测定、电位分析、电量分析、电化学阻抗谱测试等。电化学分析仪应用不同电化学分析原理作为电化学测量技术，包括伏安法、电流法、库仑法、溶出法、电位法，可用于液相色谱、毛细管电泳、流动电解池的电化学检测，也可用于一般用途的电化学分析。电化学分析仪灵敏度极高，且噪声极低，可检测低至几个 pA 的电流。电化学分析仪包含的功能通常有：伏安法、计时电流法、计时电量法、电流-时间曲线等。电化学分析仪内部含有数字信号发生器、高分辨高速数据获得系统、恒电位仪和恒电流仪。仪器的电位范围为 $-10\sim+10$ V，电流范围在 $\pm10$ mA 以内。电化学测量分析简单易用，灵活性大，可以对数据进行储存和分析。

电化学分析仪常采用三电极（包括工作电极、辅助电极和参比电极）体系，在待测系统中形成两个回路，用以提高测量精度，且可以同时测定极化电流和电位。

电化学分析中使用的工作电极也称为研究电极，待研究的反应在该电极上发生。工作电极的基本要求包括：

① 电极自身所发生的反应不影响所研究的电化学反应，并且测定电位区域较大。

② 电极不得与溶剂及电解液组分发生化学反应。

③ 电极面积不宜过大，表面应均一平滑，且能够用简单的方法进行净化等。

根据研究的性质来选择工作电极，最常用的惰性固体电极是玻碳电极。为了提高实验的重现性，应建立合适的电极预处理步骤，以确保氧化还原、表面形貌和不存在吸附杂质的可重现状态。最常用的液体工作电极为汞｜汞齐电极，其制备和保持清洁都较简单，同时电极上的氢析出超电势较高，可以广泛用于电化学分析。

辅助电极（对电极）和工作电极组成回路，使工作电极上电流畅通，保证待研究的反应发生在工作电极上，且不通过任何方式限制电池的响应。当工作电极发生氧化/还原反应时，辅助电极的性能一般不对研究电极上的反应造成显著影响。可以用烧结玻璃、多孔陶瓷或离子交换膜等隔离两电极区，以减少辅助电极对工作电极的干扰。

电化学分析中使用的参比电极是一个已知电势且接近于理想状态的电极，基本没有电流通过，用于测定工作电极相对于参比电极的电势。甘汞电极、Ag｜AgCl 电极常用作水溶液的参比电极。

## 6.10 傅里叶变换红外光谱仪

### 6.10.1 红外吸收光谱基本原理

红外吸收光谱是由分子振动和转动跃迁所引起的，组成化学键或官能团的原子处于不断振动（或转动）的状态，其振动频率与红外光的振动频率相当。所以，用红外光照射分子时，分子中的化学键或官能团可发生振动吸收，不同的化学键或官能团吸收频率不同，在红外光谱上将处于不同位置，从而可获得分子中含有何种化学键或官能团的信息。化学键的振动频率由化学键的力常数和原子的折合质量所决定。多原子分子振动的基本类型有伸缩振动和变形振动。伸缩振动有对称伸缩振动、反对称伸缩振动两种；变形振动有面内摇摆振动、剪式振动、面外摇摆振动和扭曲振动。红外吸收频率取决于振动能级差，也由化学键的振动频率所决定，而吸收强度则主要取决于偶极矩的变化。只有偶极矩发生变化的振动才能产生红外吸收。偶极矩变化大小与原子的电负性、振动方式、分子的对称性等有关。

红外光谱法实质上是一种根据分子内部原子间的相对振动和分子转动等信息来确定物质分子结构和鉴别化合物的分析方法。

分子的转动能级差比较小，所吸收的光频率低，波长很长，所以分子的纯转动能谱出现在远红外区（25~300 $\mu m$）。振动能级差比转动能级差要大很多，分子振动能级跃迁所吸收的光频率要高一些，分子的纯振动能谱一般出现在中红外区（2.5~25 $\mu m$）。值得注意的是，只有当振动时，分子的偶极矩发生变化，该振动才具有红外活性（注：如果振动时，分子的极化率发生变化，则该振动具有拉曼活性）。

### 6.10.2 傅里叶变换红外光谱仪

（1）工作原理

傅里叶变换红外（Fourier transform infrared，FTIR）光谱仪主要由光源、干涉仪、样品池、探测器、计算机数据处理系统、记录系统等组成，如图 6-9 所示。FTIR 仪是干涉型红外光谱仪的典型代表，不同于色散型红外仪的工作原理，它没有单色器和狭缝，利用迈克耳孙干涉仪获得入射光的干涉图，然后通过傅里叶数学变换，把时间域函数干涉图变换为频率域函数图（普通的红外光谱图）。它克服了色散型光谱仪分辨能力低、光能量输出小、光谱范围窄、测量时间长等缺点。它不仅可以测量各种气体、固体、液体样品的吸收、反射光谱等，而且可用于短时间化学反应测量。目前，红外光谱仪在电子、化工、医学等领域均有着广泛的应用。

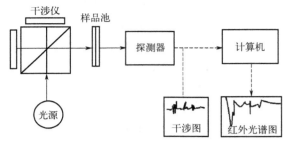

图 6-9　傅里叶变换红外光谱仪的组成

(2) 仪器主要部件

① 光源。傅里叶变换红外光谱仪为测定不同范围的光谱而设置有多个光源。通常用的是钨丝灯或碘钨灯（近红外）、硅碳棒（中红外）、高压汞灯及氧化钍灯（远红外）。

② 干涉仪。FTIR 仪的核心部分是 Michelson 干涉仪在相互垂直的 M1 和 M2 之间放置一呈 45°角的半透膜光束分裂器 BS（beam splitters），它可使 50% 的入射光透过，其余部分被反射。如图 6-10 所示，当光源发出的入射光进入干涉仪后被 BS 分成两束光——透射光Ⅰ和反射光Ⅱ。其中，透射光Ⅰ穿过 BS 被动镜 M1 反射，沿原路回到 BS 并被反射到探测器 D；反射光Ⅱ则由固定镜 M2 沿原路反射回来，通过 BS 到达 D。这样在 D 上所得的Ⅰ光和Ⅱ光是相干光。

如果进入干涉仪的是波长为 $\lambda$ 的单色光，开始时因 M1 和 M2 与 BS 的距离相等（此时称动镜 M1 处于零位），Ⅰ光和Ⅱ光到达 D 时位相相同，发生相长干涉，亮度最大。当 M1 移动入射光的 $\lambda/4$ 距离时，Ⅰ光的光程变化为 $\lambda/2$，在 D 上两光相差为 180°，则发生相消干涉。

因此，当动镜 M1 移动 $\lambda/4$ 的奇数倍时，Ⅰ光和Ⅱ光的光程差为 $\lambda/2$ 的奇数倍，都会发生相消干涉；当动镜 M1 移动 $\lambda/4$ 的偶数倍时，Ⅰ光和Ⅱ光的光程差为 $\lambda/2$ 的偶数倍（即为波长的整数倍），都会发生相长干涉。而部分相消干涉则发生在上述两种位移之间。

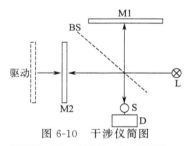

图 6-10　干涉仪简图

M1—动镜；M2—固定镜；BS—分裂器；D—探测器；L—光源；S—样品

③ 探测器。傅里叶变换红外光谱仪所用的探测器与色散型红外分光光度计所用的探测器无本质的区别。常用的探测器有硫酸三甘肽（TGS）、铌酸钡锶、碲镉汞、锑化铟等。

④ 计算机数据处理系统。傅里叶变换红外光谱仪数据处理系统的核心是计算机，功能是控制仪器的操作、收集数据和处理数据。

## 6.11　核磁共振仪

核磁共振仪可以通过检测核共振获得分子的化学结构信息，可用于解析分子结构、表征样品的物理化学性质，广泛应用于物理、化学、生物、医药、食品等领域。

核磁共振仪包括磁力产生用的磁铁、射频发生器、扫描发生器、放大器、检波器、示波器和记录仪等部分（图 6-11）。

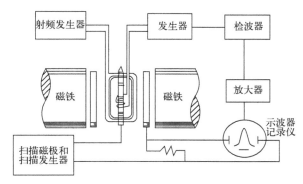

图 6-11　核磁共振仪示意图

依据磁场的产生方式不同，核磁共振仪可分为永久磁铁和电磁铁。依据电磁波交变频率，核磁共振仪分为 60 MHz、90 MHz、800～900 MHz 谱仪。依据扫描方式，核磁共振仪分为连续扫描和脉冲傅里叶变换两种。根据扫场方式，也可以分为扫场式和扫频式两种。目前大部分的核磁共振谱仪都是超导脉冲傅里叶变换核磁共振谱仪，可测定 $^1$H、$^{13}$C、$^{19}$F 等。

## 6.12　多晶 X 射线衍射仪

X 射线衍射仪采用 X 射线检测器来检测射强度及衍射方向变化；通过记录系统及计算机处理体系得到多晶衍射图谱。多晶 X 射线衍射仪包括以下几部分：X 射线发生器、测角仪、记录仪等（图 6-12）。

将粉末样品制成平板状，然后放置在位于测角仪圆台中心的样品台上，X 射线从不同角度照射在样品上，固定在圆台侧边上的计数管装置将样品衍射出的 X 射线通过活化的 NaI 晶体，发出可见蓝光，再经光电倍增管放大光子能，将衍射强度转为电信号。放大器放大电信号后，经记录仪记录下来。样品和圆台在测量过程中各自不断转动，圆台连同计数管转动一定角度后，可记录来自各角度的衍射线，得到衍射谱图。

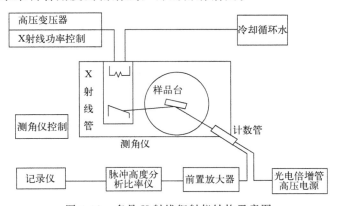

图 6-12　多晶 X 射线衍射仪结构示意图

## 参考文献

[1] 庄继华. 物理化学实验 [M]. 3版. 北京：高等教育出版社，2004.
[2] 朱万春，张国艳，李克昌，等. 基础化学实验（物理化学实验分册）[M]. 2版. 北京：高等教育出版社，2017.
[3] 孙尔康，高卫，徐维清，等. 物理化学实验 [M]. 2版. 南京：南京大学出版社，2010.
[4] 杨琴. 物理化学实验 [M]. 北京：科学出版社，2018.
[5] 傅献彩，沈文霞，姚天扬，等. 物理化学（下册）[M]. 5版. 北京：高等教育出版社，2006.
[6] 孙尔康，张剑荣，刘勇健，等. 物理化学实验 [M]. 2版. 南京：南京大学出版社，2014.
[7] 唐典勇，张元勤，刘凡，等. 计算机辅助物理化学实验 [M]. 2版. 北京：化学工业出版社，2014.
[8] 叶红勇，赖宏伟，吴淑杰，等. 常温直接沉淀法制备 ZnO 纳米棒 [J]. 高等学校化学学报，2007，28（2）：312-317.
[9] 万志强. 乙酸乙酯的生产技术及市场分析 [J]. 化工科技市场，2005（12）：1-3.
[10] Inui K, Kurabayashi T, Sato S. Direct synthesis of ethyl acetate from ethanol over Cu-Zn-Zr-Al-O catalyst [J]. Applied Catalysis A-General，2002，237：53-61.
[11] Inui K, Kurabayashi T, Sato S, et al. Effective formation of ethyl acelate from ethanol over Cu-Zn-Zr-Al-O catalyst [J]. Journal of Molecular Catalysis A：Chemical，2004，216：147-156.
[12] 杨树武，周卓华. $Cu/ZnO/Al_2O_3/ZrO_2$ 催化剂上乙醇脱复合成乙酸乙酯：I. 催化反应性能及机理 [J]. 催化学报，1996，17（1）：5-9.
[13] 伏再辉，奚红霞，龚健. 乙醇在双功能 Pd-Cu/分子筛催化剂上气相氧化酯化一步合成乙酸乙酯 [J]. 催化学报，1994，15（4）：262-267.
[14] Colley S W, Tabatabaei J, Waugh K C, et al. The detailed kinetics and mechanism of ethyl ethanoate synthesis over a $Cu/Cr_2O_3$ catalyst [J]. Journal of Catalysis，2005，236（1/2）：21-33.
[15] 崔能伟，刘成，姜浩锡，等. 乙醇一步法制备乙酸乙酯的 $MoS_2/C$ 催化剂 [J]. 化学工业与工程，2006，23（5）：400-402.
[16] 樊丽华，陈红萍，梁英华. 新型绿色化学反应介质的研究进展 [J]. 环境科学与技术，2007，30（12）：108-112.
[17] Hunter S E, Savage P E. Acid-catalyzed reactions in carbon dioxide-enriched high temperature liquid water [J]. Industrial & Engineering Chemistry Research，2003，42（2）：290-294.
[18] 张元勤，曾宪诚，向清祥，等. 复合反应的胶束催化研究 II——CTAB 胶束对结晶紫褪色反应的影响 [J]. 四川大学学报（自然科学版），1999，36（1）：105-111.
[19] 陈志云，赵继华，安学勤，等. AOT/异辛烷/水微乳液中结晶紫与 AOT 相互作用的热力学研究 [J]. 化学学报，2006，64（9）：858-862.
[20] 郝小娟，安学勤，陈志云，等. 水溶液和微乳液中结晶紫与 AOT 的相互作用 [J]. 科学通报，2003，48（24）：2524-2527.